★『农家书屋』特别推荐书系

种植技术类

西瓜丰产栽培技术

皮相鹏 肖兰异/编著

湖南科学技术出版社

图书在版编目(CIP)数据

西瓜丰产栽培技术/皮相鹏，肖兰异编著. —长沙：湖南科学技术出版社，2004

ISBN 978-7-5357-1106-9

Ⅰ.西… Ⅱ.①皮…②肖… Ⅲ.西瓜-蔬果园艺 Ⅳ.S651

中国版本图书馆 CIP 数据核字(2009)第 031106 号

西瓜丰产栽培技术

编　　著：皮相鹏　肖兰异
责任编辑：彭少富
出版发行：湖南科学技术出版社
社　　址：长沙市湘雅路 276 号
　　　　　http://www.hnstp.com
印　　刷：唐山新苑印务有限公司
　　　　　(印装质量问题请直接与本厂联系)
厂　　址：河北省玉田县亮甲店镇杨五侯庄村东 102 国道北侧
邮　　编：064101
出版日期：2017 年 10 月第 1 版第 2 次
开　　本：787mm×1092mm　1/32
印　　张：4.75
字　　数：85000
书　　号：ISBN 978-7-5357-1106-9
定　　价：19.00 元

前　　言

西瓜是消暑解渴、并具有一定营养价值与医疗保健作用的重要水果，湖南省每年栽培面积为4万～4.7万公顷，在调整农业种植结构、致富农民、满足城乡人民的需求等方面均起到了很大的作用。

随着经济改革的不断深化，越来越多的瓜农迫切需要更新种瓜的知识，提高种瓜的科学水平。1972年出版的《西瓜栽培技术》小册子虽经几次修改重版，印数已近20万册，但在内容和数量上均不能满足广大瓜农的需要，因此我们在1992年修订版的基础上重新编写了这本书。本书比较系统地介绍了西瓜对环境条件的要求、新选育的品种以及一般的栽培技术与各种特殊的栽培技术，对近年市场上极受消费者欢迎的小型西瓜品种及设施、栽培技术等亦作了系统介绍，并对甜瓜的品种与栽培技术作了较为详细的补充。

本书可供农业院校、职业学校学生以及广大瓜农与从事瓜类科技工作的技术人员参考。

由于编写时间仓促，编者水平有限，书中缺点、错误在所难免，敬请读者批评指正。

编　者

目　录

一　概述 …… 1
（一）西瓜在国民经济中的地位 …… 1
（二）湖南西瓜的发展概略 …… 2
二　西瓜的生长发育特性 …… 7
（一）植物学性状 …… 7
（二）生长发育习性 …… 14
（三）对环境条件的要求 …… 19
三　西瓜的品种 …… 24
（一）普通西瓜品种 …… 28
1. 常规品种 …… 28
2. 杂交一代品种 …… 30
（二）多倍体西瓜品种 …… 35
四　栽培技术 …… 39
（一）一般栽培技术 …… 39
1. 土壤选择 …… 39

2. 整地 …………………………………… 40
3. 播种 …………………………………… 41
4. 温床育苗 ……………………………… 45
5. 间苗、定苗 …………………………… 48
6. 施肥 …………………………………… 50
7. 灌溉 …………………………………… 53
8. 中耕除草 ……………………………… 53
9. 整枝压蔓 ……………………………… 54
10. 授粉定瓜 …………………………… 57
11. 采收 ………………………………… 57
12. 间作套种 …………………………… 59
（二）无籽西瓜栽培技术 ………………… 61
1. 三倍体无籽西瓜的生育特性 ………… 61
2. 无籽西瓜栽培特点 …………………… 62
（三）西瓜嫁接栽培 ……………………… 65
1. 西瓜嫁接栽培的意义 ………………… 65
2. 西瓜嫁接的砧木 ……………………… 67
3. 嫁接方法 ……………………………… 69
4. 嫁接苗的假植与培育管理 …………… 73
5. 嫁接栽培特点及其注意事项 ………… 77
（四）地膜覆盖栽培 ……………………… 78
1. 地面覆盖的意义 ……………………… 78

2. 盖膜方法及用量 …… 79
3. 地膜覆盖栽培要点 …… 80
（五）塑料薄膜小拱棚覆盖栽培 …… 81
1. 架设方法 …… 81
2. 薄膜小拱棚管理要点 …… 82
（六）大棚栽培技术 …… 83
1. 大棚的结构与性能 …… 83
2. 栽培季节及栽培技术 …… 84
五　西瓜良繁和制种 …… 89
（一）常规品种繁殖 …… 89
1. 隔离保纯 …… 89
2. 去杂去劣 …… 90
3. 提纯复壮 …… 90
（二）杂交一代制种 …… 91
1. 亲本繁殖 …… 91
2. 杂交制种 …… 91
3. 种子杂交率鉴定 …… 92
（三）三倍体无籽西瓜种子生产 …… 93
1. 母本四倍体保纯繁殖 …… 93
2. 三倍体种子生产 …… 94
六　西瓜主要病虫害及其防治 …… 96
（一）主要病害及其防治 …… 96

1. 幼苗猝倒病 …………………………………… 96
2. 西瓜枯萎病 …………………………………… 97
3. 瓜类炭疽病 …………………………………… 99
4. 瓜类蔓枯病 …………………………………… 101
5. 瓜类白粉病 …………………………………… 102
6. 瓜类叶枯病 …………………………………… 103
7. 瓜类疫病 …………………………………… 104
8. 瓜类病毒病 …………………………………… 106
9. 根结线虫病 …………………………………… 106
(二) 主要害虫及其防治 …………………………… 107
1. 黄守瓜 …………………………………… 107
2. 蚜虫 …………………………………… 108
3. 种蝇 …………………………………… 109
4. 小地老虎 …………………………………… 110
5. 红蜘蛛 …………………………………… 111
6. 瓜野螟 …………………………………… 112
7. 蜗牛和蛞蝓 …………………………………… 112

甜 瓜

一 概述 …………………………………… 114
二 甜瓜的特征特性及其对生长环境的要求 ………… 116
(一) 甜瓜的特征 …………………………………… 116

（二）甜瓜的特性 …………………………………… 118
（三）甜瓜对生长环境的要求 ………………………… 119
三　甜瓜的栽培品种 ……………………………………… 121
（一）薄皮甜瓜品种 …………………………………… 121
（二）厚皮甜瓜品种 …………………………………… 123
四　甜瓜栽培技术 ………………………………………… 127
（一）薄皮甜瓜栽培技术 ……………………………… 127
（二）厚皮甜瓜栽培技术 ……………………………… 132
五　甜瓜主要病虫害及其防治 …………………………… 136
（一）主要病害及其防治 ……………………………… 136
（二）主要虫害及其防治 ……………………………… 139
参考文献 …………………………………………………… 141

一 概 述

（一）西瓜在国民经济中的地位

西瓜是世界重要水果之一。在夏令鲜果供应中西瓜占有重要的地位。

西瓜果实甜而多汁，清凉爽口，是深受人们欢迎的消暑解渴之果品。根据中国医学科学院劳动卫生、环境卫生、营养卫生研究所分析，100 克西瓜瓤中含水分达94%，碳水化合物4 克，粗纤维0.3 克，灰分0.2 克，维生素C 0.17 毫克，尼克酸0.2 毫克，另外还含有果胶物质和少量苷类（配糖体）。近代医学认为：西瓜中的配糖体有降低血压的作用，所含少量盐类对肾炎有显著疗效。中医以西瓜皮晒干加工成“西瓜翠衣”，有去热利尿之功。多吃西瓜还有助于治疗浮肿、糖尿病、黄疸、膀胱炎等疾病。

西瓜是一年生作物，且生育期短，适于多年生果树、茶园等前期间作，既能充分利用土地，又能增加收益。

西瓜喜阳、耐旱，不择土质，是熟化土壤极其适宜的先锋作物。新开垦的荒地，病害少，适宜西瓜生长，只要肥水供应得当，西瓜产量稳定，品质优良。西瓜是深根作物，瓜田一般经过深耕，施肥量多且质优，因此，种西瓜有较明显的改良土壤的作用。在轮作中是理想的前茬作物。

西瓜病害较多，要求轮作，不宜在城市近郊菜地种植。为解决西瓜病害问题，南方多采用水旱轮作，即西瓜在水稻区栽培，西瓜与水稻轮作，轮作周期一般为 4 ~ 5 年，插 3 ~ 4 年水稻种一次西瓜。西瓜春播夏收，当年可以插晚稻，即瓜稻两熟，这种轮作方式，能有效地改良水稻土的理化性状。大量事实证明，西瓜田插晚稻，不仅当年晚稻丰收，第二年早稻也能丰收。在有条件又有可能种瓜的地方，制订计划，逐丘逐块地种植西瓜，可使稻田变成高产稳产田，使旱地变成高产稳产地。

（二）湖南西瓜的发展概略

西瓜原产于热带非洲。一般认为自五代（公元 907 ~960年）传入我国。也有认为中国内地在盛唐时期或更早就在长安附近种植西瓜了。随着考古工作的进展和可能出现有关西瓜的历史文物，将会有更多的资料证实中国内地最早种植西瓜的确切年代。

新中国成立以前，湖南虽有部分城镇郊区种植西瓜，但数量很少，品种主要从我国北方引进，如河南的花狸虎、手巾条、大麻子，山东的小梨皮、大梨皮等。以后从华东、东北等地传入日本的大和西瓜，由于自然留种，杂交变异，生产中无定型品种。

1949 年后，湖南和全国一样，西瓜的栽培面积、生产水平、品种改良等均有较快的发展。1953 年湖南省农科院园艺研究所开始西瓜引种研究。1963 年开始无籽西瓜引种、制种和栽培技术研究，1965 年该所生产的无籽西瓜由湖南省外贸部门首次销往香港，随后三倍体无籽西瓜栽培面积逐渐扩大，湖南省外贸部门在长沙、邵阳等地定点生产，批量出口。20 世纪 70 年代原邵阳地区农科所配制了三倍体西瓜新组合无籽 304，以后定名为雪峰无籽西瓜，该品种是 20 世纪 80 年代前后我国出口无籽西瓜的主要品种之一。

1973 年湖南省农科院园艺研究所开始西瓜杂交一代利用研究，1975 年育成杂交一代新品种“湘蜜瓜”，该品种优势强，性状良好，获得省内外好评。20 世纪 80 年代，湖南省农科院园艺研究所继湘蜜瓜之后，又育成蜜桂、湘杂三号、湘杂四号、湘花等杂交一代新品种。1998 年该所瓜类研究室并入袁隆平高科技股份有限公司，作为下属的湘园瓜果分公司继续并加强了西瓜甜瓜的育种与开发。湘西土家族苗族自治州经济作物站育成州优系列西瓜新品种，如州优 1 号、2 号等。邵阳市农科所育成四倍体、三倍体西瓜新品种如无籽 304、雪峰花皮无籽等，

1993 年该所发展成立湖南省瓜类研究所，在西瓜的育种与栽培研究等方面又上了一个新台阶。岳阳市农科所是湖南省研究开发利用无籽西瓜的后起之秀，自 20 世纪 80 年代起至今已育成洞庭系列无籽西瓜品种 10 余个，截至 2003 年获湖南省农作物品种审定委员会审定通过的品种已有 30 余个，其中有 7 个还通过了国家级品种审定。

上述单位在研究选育西瓜品种的同时，对甜瓜也做了大量的品种收集、提纯、杂交育种以及栽培技术的研究，在本书的最后将作进一步介绍。

20 世纪 70 年代为适应各地对蜜宝西瓜品种种子的需要，湖南省农科院园艺研究所 1975 年选定常德市西湖农场建立西瓜良种繁殖基地，该基地自 1975 年至 1990 年累计繁殖常规品种及杂交一代西瓜品种种子 20 余万千克，对湖南以及相邻的四川、湖北、云南、贵州等省部分地区的西瓜生产作出了一定的贡献。

1985 年湘西土家族苗族自治州经济作物站为了简化杂交一代人工授粉制种手续育成全缘叶品种重凯 1 号，该品种的全缘叶性状属一对基因控制的隐性性状。以重凯 1 号为母本，普通缺刻叶型品种为父本进行混植，开花时母本植株去雄，自然授粉后即可得到杂交种子。大面积制种时可抽样于苗期进行鉴定。生产上应用时可利用全缘叶标志性状于苗期剔除非杂交株（全缘叶株），从而保证了大田纯度。该站利用此法育成的州优 8 号品种，生产上应用效果很好。

湖南省园艺研究所1975年开始西瓜嫁接栽培研究，1979年完成疫区鉴定并取得生产试验结果，1980年在枯萎病危害严重的西瓜种植老区——长沙市郊黎托乡潭阳村中试推广，当年全村栽种西瓜9.12公顷，其中嫁接西瓜约5.3公顷，占全村西瓜栽培面积的58.5%。嫁接西瓜果大、质优、产量高，当年全村西瓜经湖南省外贸公司出口28.7吨，其中嫁接西瓜26.7吨，占总数的93%。1984年沅江县三眼塘区南竹山乡试行西瓜嫁接栽培，该区推广发展极为迅速，成效显著，随之涌现出一批嫁接西瓜育苗专业户，年育苗300万~400万株，除供应本县需要外，商品苗大批销往邻近县、市。该项技术的推广应用使西瓜栽培老区为预防枯萎病、缩短轮作周期找到了可靠的方法。

西瓜地膜覆盖栽培现已得到大面积推广应用，但在20世纪80年代作为一种新生事物，省园艺研究所曾进行了连续几年的试验研究，分别用黑色、灰色、无色透明等不同的地膜覆盖整个畦面或瓜路，最后确定用无色透明的线性窄幅地膜覆盖瓜路较好，成本低，除草及提高地温效果均能达到预期目的，并对地膜覆盖的作用、盖膜方法、单位面积用量及栽培要点等进行了总结和示范。

西瓜的设施栽培包括露地小拱棚双膜覆盖早熟栽培，春季大棚防雨早熟栽培，夏秋遮阳网降温防晒反季节栽培，冬季温室或大棚保温防寒栽培等。

20世纪80年代末至90年代初，省园艺研究所在西瓜主要产区汨罗推广西瓜早熟栽培技术，采用露地双膜覆盖措施，使西瓜生长前期膜内温度比露地平均高3℃～5℃，瓜苗生长速度比对照快一倍以上，5月20日左右即可开雌花，6月20～25日为采收期，使西瓜较以往提前7～10天上市。

近年来，小型西瓜受到广大消费者的欢迎，为了提早西瓜上市时间，大、中、小型塑料棚起了十分重要的作用，在棚内实行搭架引蔓，既可充分利用空间，又能改善通风透光条件，栽植密度较大，仍可达到高产。湖南省瓜类研究所、岳阳市农科所等单位通过创办高科技示范园、办培训班等，正在农村示范推广这一栽培技术。

二 西瓜的生长发育特性

（一）植物学性状

西瓜〔Citrullus lanatus（Thunb）Matsum et Nakal〕属葫芦科、西瓜属，为一年生蔓性草本植物。

1. **根** 西瓜种子在萌发过程中，胚根先于胚芽发育，突破种皮，向下生长形成初生根，发育成主根。主根入土较深，成长的植株在土层深厚、透气性好的土壤条件下，主根深约1米，侧根的水平生长可达1.5米。其主要根群分布在10～30厘米的耕层范围内。

西瓜的侧根发生较早，但数量较少，且较纤细，容易造成损伤，木栓化程度较高，新根发生困难，因此不耐移栽。故通常用直播栽培，若育苗，最好采用营养钵，带土移栽，以保护根系免受损伤。

西瓜根系不耐水涝，在地下水位高，土壤渍湿的情况下生长不良，特别是植地水淹，引起生理功能失调，导致植株死亡。土壤湿度适宜，田间持水量65%左右，透气性好，早春土温上升较快，有利根系的生长。

西瓜的根虽然能够深扎，但是在土层浅的地方，尤其是在水田有板结层或地下水位较高，容易渍水的地方，多数根不能扎入板结层以下，主要是供氧不足所致。

通常直播较移栽主根扎得深，根系的分布也较深。瓜苗成活后尽可能使土面干一些，有利根群下扎。后期干旱灌水时，应急灌急排，尤其是黏重水稻土，不可久渍，以免根群缺氧受害。

西瓜的茎蔓与湿润的土壤接触，在节上能形成不定根，压蔓更有利不定根的发生。不定根除了固定茎蔓避免大风翻卷外，并能辅助吸收养分和水分。

2. **茎** 西瓜茎包括下胚轴和茎蔓两部分。从根颈到子叶节为下胚轴，其横切面呈椭圆形，子叶伸展的方向茎蔓较粗，横切面呈五菱形，维管束多为 10 束，瓜类作物的维管束都是双韧维管束，以木质部为中心，外侧内侧都有筛管。但是，因茎的位置和发育阶段的不同，有时纵向维管束增加，一部分表现为同心维管束、环状维管束、放射状维管束等。

西瓜茎前期生长缓慢，节间短，呈直立状，4 ~5 叶以后，主蔓节间伸长，匍匐地面生长。主蔓长度因品种和栽培条件而异，一般长 4 ~5 米。但也有短蔓的矮生西瓜，其主茎长度不超过 1 米。

西瓜茎蔓分枝能力强，可以形成 2 ~3 次分枝。主蔓基部 2 ~5 个叶腋形成的侧枝（蔓），长势强，可以接近主蔓，常利用作为基本蔓。主蔓和基部子蔓是坐果的基础，孙蔓和主蔓尾端伸出的子蔓结瓜少而小。蔓的伸长迅速，在营养生长盛期，每天可伸长 20 ~ 30 厘米，但坐果以后蔓的生长势和抽生能力减弱。

无籽西瓜分枝能力弱，除在主蔓基部形成少数侧蔓外，其他部位很少形成侧蔓，故一般不必整枝打杈。

西瓜茎蔓能萌发不定芽，第一次果进入成熟期，可以利用基部不定芽形成的新蔓继续结瓜。茎蔓节间长度因品种和栽培条件而差别很大，一般长度为 10 厘米左右，最长的可达 20 厘米以上。四倍体西瓜节间长度明显短于普通二倍体西瓜。

西瓜雌花节比雄花节容易出现侧枝，为使雌花获得较优越的营养条件，多数栽培者对这种侧枝及时除去，但也有认为坐果节位发生的侧枝有调节果实发育的作用，并特称为“营养蔓”予以保留。

3. 叶　西瓜子叶肥厚，椭圆形，大小与品种的种子大小有关，所含的营养物质可为种子萌发提供足够的养料。西瓜叶片掌状深裂，根据叶裂的宽窄和裂刻的深浅可分为狭裂片型和宽圆裂片型。同一植株上的叶片形状大小变化很大，第 1 ~ 2 片真叶没有缺裂呈全缘状，以后裂片增多而明显，第 5 ~ 6 片真叶具本品种叶形的特征，叶面积亦逐渐增大，至主蔓雌花节附近单叶面积最大。一般功能叶叶片长约 20 厘米，宽 15 ~ 20 厘米。正常发育的叶，叶柄长度小于叶身长度。叶色为绿色或浅绿色。保护好功能叶是夺得单位面积上较高产量的重要条件。特别是果实周围成龄叶片对果实发育起主导作用。如果营养生长过旺，蔓叶重叠，叶柄就会伸长，在这种情况下花梗也伸长，坐果困难。因此，应通过合理的肥水管理、整枝打杈等措施，增强叶的质量，延长叶片的寿命。

西瓜叶片表皮上覆有一层蜡质。这种叶片的多裂性与叶面覆有蜡质层的特点，表明其具有较强的耐旱性。

除上述裂叶型西瓜外，另有一类为全缘叶型，又称甜瓜叶西瓜，其叶身和叶柄均较前一类为短。这种全缘叶型是由一对基因控制的隐性遗传性状，如果将叶形显性的裂叶型品种作为杂交一代组合的父本，用叶形隐性的全缘叶型品种作母本，利用这一隐性性状可用作杂交一代幼苗的鉴定，辨别真假杂种。

4. **花** 西瓜为雌雄同株异花作物。花腋生，单花。花单性，但有少数品种能出现雌雄两性花。雄性的两性花不能结实，而雌性的两性花内的雌、雄蕊都具有正常的生殖能力。三倍体无籽西瓜雄花花粉发育不完全，没有生殖能力。茎蔓上雄花的出现早于雌花，着生的节位亦较低。但按各节位开花顺序，雌花比雄花开花早，也就是说在雌花开花节以下 2～3 节处同一天内有 1～2 朵雄花开放。第一朵雄花出现后，接着每个叶腋均能连续形成雄花。

第一雌花着生节位的高低是品种熟性的重要标志，一般早熟品种雌花着生节位较低，多在第 5～7 节，晚熟品种着生节位较高，在 10～13 节左右。子蔓上第一雌花一般着生在第 5 ~ 8 节，其后雌花的间隔节数为 3 ~ 5 节或 7 ~ 9节。个别植株有连续两节着生雌花的。主蔓上第一朵雌花所结的果实，由于植株同化面积小，因而果型小，重量轻，且常出现果实扁圆、皮厚、空心等不良性状。第二朵或第三朵雌花发育的果实，果形大而圆正，其后再次开放的雌花所结的果实又将变小，因此应争取主蔓上第二或第三雌花坐果。

西瓜的花是半日花，一般于清晨开放，午后闭花。正常授粉受精的雌花，闭花后一般不再开放，没有受精的雌花，次晨可重新开放，但失去受精能力。如对雌花采用蕾期、开花当天和开花后一天同时授粉，以开花当天授粉的雌花结实率最高。同样用蕾期花粉、储藏后花粉和新鲜的花粉授予雌花，则新鲜花粉授粉的结实率最高。花瓣刚开放的花朵是柱头和花粉生理活动最旺盛的时期，也是授粉最理想的时间。上午 10 时以后柱头分泌黏液，影响授粉，因此，授粉工作应争取在上午 9 时以前结束。刚开放的雄花药囊内充满花粉，经昆虫采粉，约 2 小时雄花完全失去花粉。

西瓜雌雄异花，雌花和雄花均具蜜腺，由蜜蜂、蝴蝶等昆虫传播花粉，品种间极易自然杂交而引起退化，因此，在进行品种保存时，要人工控制授粉或建立隔离区采种。

西瓜子房的大小和形状与品种有关，长果形的品种子房长圆筒形，圆果形的品种子房为圆形。

5. **果实** 西瓜果实由子房发育而成。整个果实可分果皮、果瓤和种子三部分，果皮由子房壁发育而成，果皮的厚度和硬度与品种关系密切，也受栽培条件的影响，一般厚度为1～2厘米，较厚的可超过2厘米。多倍体西瓜果皮均较厚。果瓤由胎座薄壁细胞组成，一般为三心室。瓤色是品种性状的重要标志，可分红、黄、白等颜色，随成熟度的增进瓤色加深。果瓤糖分的高低是西瓜品种质量的重要标志，但果实的成熟度不同，糖分高低差异甚大，未成熟的果实，瓤质硬，糖分低，有时还带酸味。有的西瓜略显苦味或辣味，为品种特性所决定。

西瓜果实形状有圆形、椭圆形、长筒形，皮色可分淡绿、绿、墨绿、齿条等基本类型，另有一类为黄色果皮型。

果实的大小依不同品种而异，单瓜重一般为2～10千克，大者10～15千克，小者0.5～1.0千克。通常情况下早熟品种果实较小，中熟品种较大，晚熟品种最大。

6. **种子** 西瓜种子可分小籽、中籽、大籽、特大籽和特小籽，种子千粒重50～100克，特大型的种子千粒重可达250克，特小型的仅10余克。单瓜种子数一般为300～500粒。

四倍体西瓜是用普通二倍体西瓜经人工诱变，使其细胞的染色体加倍而来，单瓜种子数仅几十粒，多的百余粒。用四倍体西瓜做母本，二倍体西瓜做父本杂交，产生三倍体西瓜种子，种下去生产的果实称三倍体西瓜。三倍体西瓜由于配子的高度不孕，果实内一般不形成种子，但间或出现一粒或几粒种子，在园艺学上仍称为无籽西瓜，这种极个别的现象在植物学上却属有种子的果实，其种子的胚为二倍体。三倍体西瓜的体细胞均具有 33 条染色体，但其子房里的胚珠和花药上的花粉粒都是单一的细胞，在其分裂和形成过程中，细胞核中的染色体进行减数分裂，染色体数只有体细胞的一半，种子植物只有在雌雄配子染色体形成完整的染色体组的情况下才能正常地生育形成种子。11 条染色体是西瓜的一个完整的染色体组，少于或多于 11 条染色体的都是不完整的染色体组。三倍体无籽西瓜是四倍体和二倍体的一代杂种，其体细胞的 33 条染色体分为三组，两组来自母本，一组来自父本，在生殖细胞减数分裂时，染色体的排列与二倍体和四倍体西瓜完全不同，分配很不均匀，如 16 与 17、15 与 18、14 与 19……这些不同染色体数目的生殖细胞，因其未形成完整的染色体组，生活力显著衰退，胚珠高度不孕。惟有在生殖细胞中形成具有 11 条或 22 条染色体时才能正常受精形成种子，但三倍体西瓜形成 11 条或 22 条染色体的生殖细胞的机会很小，其出现的频率可以用 $(\frac{1}{2}+\frac{1}{2})^{11}$ 的方程式来表示，即含有 11 条或 22 条染色体的可孕配子出现的机会为 $\frac{1}{2}^{11}$，约 0.1%，也就是说在 1024 个细胞中才可能出现一次。由于栽培无籽西瓜时均要间栽二倍体有籽西瓜或人工辅助授以有籽西瓜的花粉才能使果实膨大，而二倍体西瓜的雄配子的染色体均是 11 条，如果碰上了$\frac{1}{1024}$的含有 11 条染色体的三倍体雌配子即可形成一粒二倍体种子。无籽西瓜通常不用四倍体西瓜花粉授粉，所以无籽西瓜内偶然出现的一粒或几粒有胚的种子基本上是二倍体而不是四倍体。

西瓜种子的颜色大致有白（黄白）、黄、褐、红、黑五种基色，表皮上则有斑纹、麻点或裂痕等特点。

种子的寿命随贮藏的条件而不同。如果将种子放在纸袋或布袋内，贮藏于一般仓库，在南方由于空气湿度大，夏季温度高，种子经一年后发芽率便会显著降低，如果保持干燥、通风，3 年以内的陈种子和当年的新种子一样仍能保持 90% 以上的发芽率。

种胚的饱满程度和种子贮藏营养的多少与其发芽和初期生长有密切的关系。三倍体无籽西瓜种子中子叶的大小不同或畸形，发芽时常表现异常。

（二）生长发育习性

西瓜的一生经历种子发芽、幼苗生长、现蕾开花、果实膨大和成熟几个时期，全过程约需 120 天左右。各个时期均有不同的形态发生、生理作用和生物学要求，而前后各个时期之间又有着不可分割的有机联系，前一个时期的生育均为后一个时期的生育作准备，后一个时期都是前一个时期生育的继续和发展。因此，在栽培上必须针对各个时期的不同特点和要求采取相适应的农业技术措施，使植株有节奏地生长和使器官协调地建成，亦即解决长蔓和结瓜的矛盾，防止发生疯长，保证按期坐瓜，获得优质产品。

1. **发芽期**　从一粒休眠状态的种子，经过吸水膨胀、萌动、出芽、幼苗出土、子叶充分展开至第一枚真叶开始显露的全过程为发芽期。此期需 9 ~ 10 天。种子在适宜的温度、湿度和空气条件下，幼胚开始萌动，胚根突破种皮而伸出，在栽培上称为催芽过程，这个过程在 30℃ 左右的条件下 2 ~ 3 昼夜即可完成。已经出芽的种子，胚根向下伸展深入土壤固定幼苗并迅速形成地下吸收器官，下胚轴向上延伸将子叶和胚芽顶出地面。子叶出土后在栽培上要适当控制苗床的温度，以防止胚轴过度伸长形成高脚苗。

催芽时湿度过大，种皮吸水过多反而会晚发芽，尤其是种皮厚的品种和在高温下催芽更要注意，这是由于种皮含水过多，使胚的供氧不足所致。

2. **幼苗期**　自第一真叶显现，经二叶期（俗称“拉十字”或叫“打小伞”）到发生 5 ~ 6 片真叶（俗称“圆棵”或叫“打大伞”）为西瓜的幼苗期。在这个时期内地下部远比地上部伸展快而旺盛。此时，地下部初步形成一个分布既广又深，并具有强大吸收功能的根系。同时，地上部也形成一定数量的叶面积积累同化物质。

当气温为15℃～20℃时，幼苗期需25～30天，此期如处在高温、高湿或弱光条件下，下胚轴和节间伸长，叶片变小，形成组织柔嫩的高脚苗，从而降低幼苗质量和对不良环境的适应能力。壮苗的标准是下胚轴粗壮，节间短缩，叶片肥大，叶色浓绿。

子叶是西瓜幼苗早期的营养和能量来源，它贮藏有大量的营养物质，子叶出土后是同化作用的主要器官，为幼苗生长起决定作用。因此，保证子叶正常生长，维持其较长时间，对培育壮苗具有重要意义。

3. **伸蔓期** 伸蔓期是从节间伸长至主蔓上理想坐果节位——第二或第三雌花开放的时期。西瓜“圆棵”以后，节间迅速伸长，植株由直立状态而匍匐生长。此期，基部侧蔓开始伸长，叶面积的增长速度加大，雄花、雌花陆续开放。

自伸蔓至雌花开放，在20℃～25℃的温度条件下需20～25天。此期，要求藤叶生长稳健，能如期坐果。技术措施是：在施好基肥的前提下，还要施好“出藤肥”，促使早生快发。进入雌花开放时期，则应控制用肥，避免旺长，并采取整枝、压蔓等措施，使畦面通风透光，促进坐果。

4. **结瓜期** 理想节位雌花坐果至果实成熟称结瓜期。按果实的发育，结瓜期又可细分为三个时期，即坐果期、果实生长盛期和变瓤期。

坐果期，从雌花开放到果实“退毛”，即果形鸡蛋大小，果面上的茸毛逐渐稀疏不显，表明果实已经基本坐稳，并开始转入迅速生长阶段。在这个时期内，蔓、叶继续旺盛生长，幼果重量的绝对增长虽然有限，但其增长率却很高，此期需4～6天。坐果期在栽培上是一个重要阶段，因为这个时期是整个植株从营养生长为主逐步转入到以生殖生长为主的过渡阶段，是两者争夺养分最激烈的阶段，若施肥过量，藤叶生长过旺，则果难坐稳。所以在这个时期，确切地说是在进入这个时期以前，应适当控制施肥，使植株的生长势有所缓和而利于坐果。同时应增加蜂群传粉或进行人工辅助授粉，继续进行整枝，保持畦面有良好的通风透光条件。遇干旱应浇水满足水分的供应。

西瓜植株坐果的可靠性，可依据茎的粗度、叶柄长度及植株生长点与地面的角度来判断。适宜的茎粗是0.6～0.8厘米。叶柄长接近叶身长，叶形较宽，瓜蔓生长点稍翘起，这样的株形表明营养生长与坐果比较协调，可及时坐果。如果茎蔓过于粗壮，叶柄长大于叶身长，生长点翘起与地面的角度较大，则为生长过旺，即为徒长，将延迟坐果并降低结实率。反之，植株生长势弱，同化面积不足，虽能坐果，但形成的果实很小，应及时摘除幼果，使植株生长得到恢复，而后再行坐果。

生长势中等的品种，雌花节距离生长点0.5米左右，坐果较可靠。

果实生长盛期：亦称膨瓜期。从果实“退毛”到果实“定个”止。这个时期植株体内大量营养物质往果实方向运转，因此果实体积迅速膨大、增重，平均每日果实鲜重增长量可达250克以上，这一时期是植株吸肥量最多的时期。当气温在20℃～30℃时，膨瓜期需20～25天。由于果实旺盛生长需要消耗大量养分，因此，在此期内植株生长极易出现“脱力”现象，表现为叶色转黄、老化，故应勤施肥水。在湖南此期正值雨日多，雨量大，更应注意预防发病，保护叶蔓，使果实正常发育和提高其商品价值。

变瓤期：由果实“定个”至果实生理成熟。果实“定个”表明果实的体积大小和形状已基本定型，此时，果皮开始发亮变硬，果瓤开始转色，瓤质变甜是结瓜后期的主要生理特点。气温在20℃～30℃的情况下，这个阶段需7～10天。此期应适当控制浇水或灌水，以确保品质。如果藤叶过度衰败，果实暴露，应对暴露的果实进行必要的覆盖，以防日灼。

西瓜的经济产量是在结瓜期内逐步积累形成的，它的形成过程与根、茎、叶的生长状况有密切关系。幼苗时期地下根系的健壮发育可为以后地上器官茎、叶、果的生长打下良好的基础。进入伸蔓期，随着植株的生长，叶面积迅速扩大，一般认为坐果期叶面积指数为70%左右，即藤叶未全部遮蔽畦面，“目的果”雌花开放，坐果可靠。果实生长盛期，叶面积指数以150%，即叶片面积为地面的1.5倍，亦即部分叶片上下重叠为适宜。此期叶面积指数若超过200%，即叶片普遍重叠，还有部分叶片二次重叠，俗称三层楼，在这种情况下，功能叶遭荫蔽，物质消耗多、积累少，产量亦难提高，且易感染病害。

不同部位的功能叶与果实的生长有较密切的关系，主蔓上第 3～12 叶位的叶片和侧蔓上 1～5 叶位的叶片对伸蔓期植株的生长、开花和坐果起着重要作用。进入结瓜期，主蔓上第 13～28 叶位的叶片和侧蔓上第 6～20 叶位的叶片对果实的迅速膨大和叶蔓的继续生长起着保证作用。而顶部叶片和孙蔓的小叶片，叶色浅，同化功能弱，净同化率低，所起作用不大。根据上述不同部位叶片的生理作用，在栽培上应采取有效措施，重点保护相应部位叶片的健壮生长，如及时整枝，避免次要叶片遮盖或挤压功能叶片，这对促进各个不同生育时期植株的健壮生长和果实的发育均具有积极的保证作用。

西瓜可以连续开花、连续坐瓜，即第一个瓜采收后，可以结第二个瓜，或者再结第三个瓜。一般第一个瓜进入成熟期，第二个瓜可以开花坐瓜。不同批次的果实发育成熟所需天数不一，主要是受果实发育期气温影响，前期气温较低，果实发育成熟所需时日较长，后期气温较高，果实发育成熟所需时日较短。第一瓜一般为 35 天左右，第二瓜为 25 天左右，第三瓜 20 天左右。

（三）对环境条件的要求

西瓜生长要求温度较高、日照充足、空气干燥、昼夜温差大的气候和结构疏松、排灌方便的土壤条件。

1. **温度** 西瓜是农作物中最喜温的作物之一，极不耐寒，遇霜即死。西瓜生长的适温为18℃～32℃，在此范围内温度愈高，同化强度愈高，生长速度愈快。西瓜较耐高温，当气温达40℃时仍能进行较强的同化作用，高温极限在空气干燥时是48℃，湿润时是52℃。西瓜不耐寒，当气温下降到15℃时生长缓慢，10℃时生长停顿，5℃以下地上部受冻。种子发芽的适宜温度为30℃左右，开始发芽的温度为15℃，但出芽缓慢，40℃的高温也影响发芽。西瓜根系生长的土壤适温为28℃～32℃，最高为38℃，最低为10℃，而根毛发生的最低温度为13℃～14℃，当温度在12℃～13℃时，根系的生长量仅为适温生长量的2%。因此在生长初期提高土壤温度对于促进发根极为重要。

西瓜的开花时间与温度、光照密切相关，每天开花时间的早晚常受夜间气温所支配，夜间气温较高时开花就早，较低时开花就晚。在坐果盛期的6月中旬前后，天气晴朗，一般在清晨5～6时花瓣开始松动，6～7时花药开始裂开撒出花粉，15时左右闭花。这个过程的长短也受当时气温的影响，气温高时早开早闭时间短，气温低时晚开晚闭时间长。气温在23℃～27℃时，花粉粒的发芽最旺盛，花粉管的伸长能力也最强。在低温（15℃以下）或过度炎热（35℃以上）干燥时，花粉粒的发芽受阻。开花时遇到降雨，花粉粒被雨水冲失，或吸水后破裂丧失授粉能力，因而难于受精坐果。坐果和果实发育期，温度低于18℃时，形成的果实扁圆、皮厚、空心，含糖量低，果实膨大和成熟期以30℃较为理想。在一定的温度范围内，昼夜温差大的地区，茎叶生长健壮，果实的含糖量高。

2. **日照**　西瓜是需光较强的作物，光的饱和点为8万勒克斯，补偿点为4000勒克斯。即光强度在8万勒克斯的范围内，光合效能随光照强度的增加而提高，光强度超过8万勒克斯时，光合效能就不再增加。当光照强度为4000勒克斯时，西瓜光合作用所制造的产物与呼吸作用所消耗的相当。西瓜对光照的强弱反应敏感，在晴天多，光照强的条件下，植株表现株型紧凑，茎粗，叶大而厚，节间和叶柄均较短，叶色浓绿；而在连续阴雨、光照不足的条件下表现为叶柄和节间伸长，叶薄色淡，机械组织不发达，容易感病，坐果不良。果实发育期，特别是成熟期，长期阴雨则严重影响养分的积累和果实的含糖量。

3. **水分**　西瓜拥有既深且广的根系，能最大限度地利用大面积土壤水分。但是西瓜生长迅速，枝叶繁茂，果实硕大，耗水量亦大。西瓜的一生中，对水分的要求比较敏感的有两个时期，一是坐瓜节位雌花现蕾前后，这期间如水分不足，雌花的子房很小，还由于空气湿度不足影响花粉发芽，坐果不良。据观察，当空气湿度从95%降到50%时，花粉的萌发率从90%以上降至20%以下，致使受精过程不能进行，而造成子房脱落。二是果实膨大期，此期如水分供应不足，果形小，产量低。果实膨大前期缺水易形成葫芦形果，果实膨大中期和后期水分供应不均匀容易造成裂果。西瓜生长期间降雨日数过多，日照时数少，温度低，即多湿、弱光、低温的条件下植株生长嫩弱，抗性差，发病严重，坐果困难，产量无法达到预期指标。

西瓜开花授粉时降雨，严重影响坐果。但授粉前降雨，只要柱头干燥并授以干燥的花粉，对受精和结实影响不大。为了避免授粉后降雨，雨滴落在柱头上使花粉吸水破裂，达不到受精结实的目的，在授粉后用纸帽罩在雌花上，有一定的保花保果作用。

西瓜根系极不耐涝，瓜田受渍缺氧，根系窒息死亡，因此瓜田应选择地势较高的田块，并做高畦，搞好开沟排水。

4. **土壤营养** 西瓜对土壤条件有较强和较广的适应性，如沙荒地、丘陵红壤、水田青紫泥都可栽培。新垦地因病菌、杂草少，较之长期种瓜的熟地反能获得较好的产量和收益。因此，西瓜常用作新垦地的先锋作物。最适宜西瓜根系发育的土壤是土层深厚、排水良好、有机质丰富、疏松肥沃的壤土或砂壤土，因为这类土壤结构良好、透气性好，能满足西瓜根系好氧的需要。而且砂性土壤吸热快，早春地温较高，昼夜温差较大，有利早发、早熟，提高果实含糖量。黏性土西瓜根系入土较浅，侧根呈水平分布在土壤的表层，抗旱能力较弱，砂性过重的土壤，土质比较瘠薄，保水保肥性能差，较易出现早衰，均难获得高产。黏质水稻土，瓜苗前期生长虽较缓慢，但植株长势稳健，如管理适当，却可获得高产。

西瓜适宜于近中性土壤中生长，但适应土壤酸碱度的范围较广，在 pH 值 5～7 的范围内均能正常生长，当 pH 值低于 4.0 时生长受阻。在酸性强的土壤上栽培，枯萎病发生较严重。

西瓜对氮、磷、钾三要素的需求比较严格，缺一不可。氮肥对于西瓜的生长以及对产量、品质的影响极为重要。氮是叶绿素的主要成分，西瓜叶片含氮量为 3.26%～6.24%，施用氮肥可使叶片中的叶绿素含量增加，直接加强了同化作用，在果实发育期足够的氮肥，对果径的增大有较明显的作用。磷肥有明显的促进根系发育的作用，因此一般均作基肥施用，同时磷肥可以提高幼苗的耐寒力，促进早熟，对于种子的发育和加深果肉的颜色也有一定的影响。钾与碳水化合物的合成、运输有关，增施钾肥还可以促进植株生长健壮，提高植株的抗病力，钾肥无论是单独施用或是配合其他肥料施用，均有利提高果实的含糖量。但试验表明若氮肥施用过多，会出现茎叶徒长、坐果率降低、同化作用减弱、容易感病、产量与品质下降等现象。在生产上常常出现氮肥施用多而磷、钾肥施用少的情况，磷肥不足，西瓜果肉中会产生黄色纤维，既影响果瓤的美观，也影响果瓤的品质；钾肥不足，在生理上会引起呼吸作用受阻，细胞分裂减慢并呈细长形，因而植株纤弱徒长，抗病力降低。

三 西瓜的品种

生产上栽培的西瓜，一般分为食用西瓜和子用西瓜两大类。食用西瓜即普通生食作水果用的西瓜。这一类西瓜品种多，蔓长叶大，果实大，果肉含糖量高，汁多味甜，要求栽培管理细致。子用西瓜，通称打子瓜，其果实较小，果肉味淡不甜，果实中种子既多又大，植株分枝多，叶蔓较小，栽培粗放，不整枝，一株结多果，湘南道县的红瓜子即属此类。

食用西瓜的分类方法不一，以果形来分，可分为圆球形、高圆形、椭圆形、长椭圆形等；以瓜皮的颜色和花纹特征来分，可分为绿皮网纹、绿皮齿条、黑皮、白皮、黄皮等；以果型大小来分，可分为大果型品种、小果型品种等；以生育期的长短来分，可分为早熟种、中熟种、晚熟种等。根据西瓜体细胞染色体的倍数性可分为二倍体西瓜、三倍体西瓜和四倍体西瓜。二倍体西瓜即普通西瓜，体细胞内含有 2 组染色体，计 22 条，果实内有正常的种子，称为有籽西瓜。三倍体西瓜是无籽西瓜，体细胞内含有 3 组染色体，计 33 条。四倍体西瓜果实内仅有少量种子，特称少籽西瓜，体细胞内含有4组染色体，计44条。

林德佩（1980）将我国原产及引进栽培的西瓜品种分成5个生态型，即华北生态型、东亚生态型、北美生态型、新疆生态型和俄罗斯生态型。

随后，林德佩根据多年的引种、育种，以及对中国各地农家品种的观察，将中国范围内的西瓜品种划为3个生态地理型，即华北型（包括华北、东北）、华南型（包括华东、西南）、西北型（包括内蒙古自治区）。并论及国外与中国现有品种有密切关系的3个生态地理型，即日本型、美国型、俄罗斯型。

1. **华北生态地理型**　产于中国黄河及其以北的西瓜品种均属这一类型。包括陕西、河南、山东、山西、河北及东北三省。这是中国西瓜的传统生产区，许多著名的农家品种在此起源，如山东的三白瓜、喇嘛瓜、梨皮；河南的花狸虎、手巾条、核桃纹；北京的黑崩筋等。

地处华北暖温带半干旱和东北温带气候条件下。本型西瓜品种的特点是：生长势旺，果型大（农家品种果重常达5～10千克），成熟较晚（中熟或中晚熟），耐旱不耐湿。果皮中等厚，瓤质沙软，过熟常空心倒瓤，较耐运而不耐储，果实含糖量大多不高（7%～9%），籽较大，果形、皮色、瓤色、种皮颜色等十分多样。

本生态型品种除产地外，只适宜往干旱的西北地区引种栽培。

2. **华南生态地理型**　产于中国长江及其以南的西瓜

品种均属这一类型。包括华东、华中的浙江、湖北、湖南、安徽、江苏、江西及华南、西南各省（自治区）。本型原产农家品种很少，著名的只有浜瓜、马铃瓜等几种。

地处在夏季湿热、多雨的东亚季风区和云贵高原、四川盆地寡照气候条件下。本型西瓜品种的特点是：生长势偏弱，果型大多较小（常不超过 4 千克），成熟较早（早熟或早中熟），耐阴雨。果皮较薄，瓤质软，不耐储运，果实含糖量不高（6% ~9%），籽中等大或较小。

本生态型品种与日本生态地理型实为一类，即东亚型，因此大量日本改良小籽品种，如旭大和、新大和等被引进栽培，表现良好。

华北和西北型的西瓜品种引进本区后常表现徒长，不易坐果，难于引种成功。但本型品种都可引至全国各地种植。

3. **西北生态地理型** 产于中国西北的甘肃、宁夏、新疆以及内蒙古的西瓜品种均属这一类型。

地处在夏季干热、少雨、日照充足、昼夜温差大的大陆性气候条件下。本型西瓜品种的特点是：生长势旺至极旺，果型大至极大（10 ~15 千克，个别可达 40 千克以上），瓤质粗，耐储运，果实含糖量 8% ~9%，籽大。

本生态型品种与中亚生态地理型为一类，从乌兹别克斯坦、土库曼斯坦和哈萨克斯坦等国引进的俄罗斯西瓜品种十分成功。华北型和华南型的品种均可在本区范围内种植，因此成为我国极为适宜的西瓜良繁制种基地。

4. **日本生态地理型** 产于日本及中国台湾省的西瓜品种均属这一类型。著名的改良品种有旭大和、新大和、新红宝等。

日本与中国华东及华南生态类型相似，因此本生态型西瓜品种的特点与华南生态型相同，故可将日本型与华南型合称为东亚型。本生态型品种适应性广，成熟早，经改良后含糖量高，品质佳，因而引进中国后被广泛用作种植和育种材料。当前中国大多数主栽品种均有本型品种亲缘。如早花、郑州3号、京欣1号、郑杂5号、新澄以及大部分四倍体西瓜品种。

5. **美国生态地理型** 著名的品种有查里斯顿、久比利、克伦生、糖婴（蜜宝）等。

地处北美亚热带湿热和干旱，暖温带湿润、干旱、半干旱，阳光充足的气候条件下。本型西瓜品种的特点是：生长势强，果型大，生育期长，多为晚熟，喜光、喜热，对肥水需求量大，常会因肥水供应不足罹果腐病和出现畸形瓜。果皮坚韧，瓤质脆，不易空心倒瓤，耐储运，果实含糖量较高（9%～11%），籽中等大或稍大。

本生态型品种大多适应性广，抗病力强，品质较好，果大产量高，耐储运，在中国南北各地瓜产区均得到广泛应用。尤其是20世纪80年代以来，中国育成的杂交一代品种中，几乎都以本型品种作为亲本参加，如红优2号、新澄、蜜桂、浙蜜等。

6. **俄罗斯生态地理型** 地处俄罗斯温带草原半干旱、

阳光充足的气候条件下。本型西瓜品种的特点是：茎蔓生长势旺，雌雄两性花是这类品种的一大特点。果型中等大，中熟，耐旱不耐湿，瓤质脆，品质较好，籽多为小型。

本生态型品种仅适于干旱、半干旱地区，在中国西北地区的新疆、甘肃、宁夏、内蒙古引种和作亲本表现较好。育成品种有红优2号等。

生产中大量实践表明：华北生态型、西北生态型的西瓜品种引入湖南春夏多雨、湿热地区种植，蔓叶生长旺盛，不易坐果，发病严重，产量低，品质差。

半个世纪以来，湖南西瓜生产上先后推广应用各类型的品种有下列一些。

（一）普通西瓜品种

1. 常规品种

（1）蜜宝　又名糖婴，原产美国，20世纪70年代湖南省外贸部门引入。果实圆球形，果皮墨绿色。单瓜重3.5～4千克，最大可达10千克以上。果皮厚度1厘米左右，瓤红色，坐果率高。每667平方米产量2500～3500千克，最高达5000千克。果皮坚韧，耐储运。含糖量较高，可溶性固形物含量一般为10%左右，纤维较粗。种子小，褐色，千粒重40克左右。苗期对低温适应性较差，早春低温情况下，幼苗生长缓慢，对肥料要求较高，在肥料不足的情况下藤叶长势弱。遇阴雨、北风、低温天气，易发生叶片青枯症状。

（2）新青 广东澄海白沙良种场1964年从新太阳品种中分离育成。果实圆球形，果皮深绿色有墨绿色纵纹。皮薄，瓤大红，纤维少，可溶性固形物含量11%～12%。早熟，播种后70～75天可采收，单瓜重4～5千克。

（3）新大和 原种来自日本。果实圆球形，果皮绿色布墨绿色齿条花纹。果瓤红色，果皮厚度1厘米左右。耐湿性较强，在潮湿多雨气候条件下有较强的适应性。中早熟，主蔓第6～7节出现第一雌花，开花至果实成熟为30～35天。植株生长势中等，单瓜平均重3～4千克，最大的8千克，667平方米产量1500千克左右。品质较好，可溶性固形物含量9%～11%。种子褐色，千粒重50克左右。

（4）旭大和 原种来自日本。果实圆球形。果皮绿色，布墨绿色纵纹。果瓤红色，果皮厚度1厘米左右。耐湿性较强，在潮湿多雨气候条件下有较强的适应性。中早熟。单瓜重3～4千克，667平方米产量1500千克左右。品质优良，风味好，可溶性固形物含量10%～11%。种子褐色，千粒重50克左右。果皮较脆不耐运输。

（5）兴城红 中国农业科学院果树研究所以山东喇嘛瓜与旭大和6号杂交育成。中熟种。植株生长旺盛，主蔓第10～12节出现第一雌花，以后每隔6～8节再现一个雌花，从开花至果实成熟约30天。果实长椭圆形，果皮绿色，布深绿色网纹。单瓜平均重3～4千克，最大的可达10千克。果皮厚1.0～1.3厘米。果瓤粉红色。肉质脆，纤维少，汁多味甜，可溶性固形物含量10%～12%，品质佳。种子褐色，千粒重50克左右。

本品种果柄与果体较易脱离，不宜翻瓜、压蔓，整枝时亦应小心，以免造成损失。早期坐果的果实有断瓤现象。高温干旱期若肥水供应不及时，较易出现畸形果或发生脐腐现象。

（6）都三号　原种来自日本。中早熟。植株生长势中等。雌花多为两性花，从开花至果实成熟约30天。果实圆球形，果皮绿色，布深绿色条带，单瓜重5千克左右。果瓤粉红色，肉质细，可溶性固形物含量9%左右，果皮薄。种子黑色，千粒重约60克。果实在高温骤雨情况下“汤瓤”现象严重。

本品种是20世纪60年代用来配制三倍体无籽旭都西瓜的父本品种。

2. 杂交一代品种

（1）湘蜜瓜　湖南省园艺研究所育成。1975年开始应用于生产。

果实椭圆形，果形指数1.21，果皮绿色，单瓜重4～5千克。果皮厚度1.3厘米左右，瓤红色，肉质脆，汁多味甜，可溶性固形物含量10%～11%。中早熟。雌花开放至果实成熟需30～35天。生长势较强，耐湿性较蜜宝品种强。667 平方米产量 2000 千克左右，最高可达 4000 千克。

本品种主要优点是肉质细致，品质优良，成熟较早。主要缺点是早期坐果的果实由于父本遗传的影响常出现断瓤现象。

（2）蜜桂　湖南省园艺研究所育成。1982 年开始应用于生产。1987 年通过湖南省农作物品种审定委员会审定，编号为湘西瓜 3 号。

果实椭圆形，果形指数 1.4 左右。果皮绿色，布墨绿色隐形网纹。果皮厚 1 厘米左右，瓤红色，肉质致密，种子和种子腔均极小，可溶性固形物含量 11% 左右。中熟品种，全生育期 95 天左右，雌花开放至果实成熟约 40 天。单瓜重 4 ~5 千克，最大 12 千克，一般 667 平方米产量 2500 千克，最高可达 5000 千克。植株生长势中等，主蔓第 12 ~15 节出现第一雌花，以后各雌花间隔节数为 6 节左右。耐湿性强。果皮坚韧，耐运输性亦强。果实成熟后如延迟几天采收不易发生过熟倒瓤现象。但果实未成熟提前采收则有酸味，品质达不到要求。

（3）湘杂三号　湖南省园艺研究所育成。1985 年开始应用于生产。1989 年通过湖南省农作物品种审定委员会审定，编号为湘西瓜 6 号。

果实椭圆形，果形指数 1.3 左右。果皮浅绿色布绿色网纹。果皮厚 1 厘米左右，瓤红色，质脆，汁多味甜，可溶性固形物含量 11% 左右。中熟种，全生育期 90 天左右，雌花开放至果实成熟约35天。单瓜重4～5千克，最大的10千克，一般667平方米产量2500千克，最高5000千克。植株生长势中等，耐湿性较强，是潮湿多雨地区适宜的品种。果皮坚韧耐储运。

（4）湘花 湖南省园艺研究所育成。1990年开始应用于生产。1993年通过湖南省农作物品种审定委员会审定，编号为湘西瓜10号。

果实椭圆形，果皮绿底具14～16条清晰的深绿色齿条花纹。早中熟，生育期80天左右，4月中、下旬播种，7月上旬采收，若作早熟栽培，6月下旬可以上市。雌花开放至果实成熟需30～33天。藤叶生长势中等，一般667平方米产量2500～3000千克，高者可达4000～5000千克。汁多质脆味甜，可溶性固形物含量10.5%～11%，糖分梯度较小，品质好。对瓜类枯萎病、疫病有较强的抗性。果皮较脆，储运时应注意轻拿轻放。

（5）州优2号 湘西土家族苗族自治州经济作物站育成。1985年开始应用于生产。1987年经湖南省农作物品种审定委员会审定通过，编号为湘西瓜2号。

果实椭圆形，果皮淡绿色具绿色网纹。中早熟种，全生育期95天，雌花开放至果实成熟约35天。一般果重6千克，大的可达12千克，667平方米产量3000千克左右。瓤红色，可溶性固形物含量10%左右。植株生长强健，抗病耐湿，适应性广，果皮坚韧耐储运。

（6）州优8号 又名华农宝。湘西土家族苗族自治州经济作物站育成。1990 年开始应用于生产。1991 年经湖南省农作物品种审定委员会审定通过，编号为湘西瓜 7 号。

果实椭圆形，果形指数为 1.3。果皮墨绿色。中熟种，生育期 92～102 天。主蔓第 10～16 节着生第一雌花，以后每隔 4～6 节再现一个雌花，雌花开放至果实成熟约 35 天左右。单瓜重 6～8 千克，最大果重 16 千克。瓤红色，肉质脆，汁多味甜，可溶性固形物含量 10%，高的达 12%。植株生长势旺，蔓粗叶大，对肥水条件要求较高，较耐温，易坐瓜，一般 667 平方米产量 3500 千克左右。

本品种母本具全缘叶型隐性遗传性状，定苗时可剔除全缘叶型假杂交苗，保证大田的纯度。

（7）宝庆红　邵阳市农科所选育。1993 年经湖南省农作物品种审定委员会审定通过，编号为湘西瓜 9 号。

果实椭圆形，果形指数 1.4。果皮淡绿色有细网纹。中熟种。适应性强，在春夏多雨气候条件下坐果正常，且果形端正。

一般每 667 平方米产量 3000 千克左右。瓤红色，肉质脆嫩，可溶性固形物含量 10.5%～11%。

近年来随着家庭人口结构的变化，人民生活水平的不断提高以及旅游业的兴起，人们对果形美观小巧、肉质细嫩、汁多味甜、皮薄、品质极佳的小型西瓜（消费者又称其为礼品西瓜、袖珍西瓜）十分青睐，市场发展前景见好，现已成为高效农业项目之一。

小型西瓜单果重仅 1～2 千克，可溶性固形物含量 11%～13%，且中边梯度小，皮极薄，平均 0.3～0.4 厘米，瓤色有红、淡红、黄、橘黄等，品种丰富多彩。

小西瓜生育期短，适宜大棚早熟栽培及夏秋反季节栽培。早熟栽培可在 5 月中下旬至 6 月上市。多用搭架的方式引蔓，不仅可充分利用空间，而且通风透光好，栽植密度较大，亦可获得高产。

下面简要介绍几个湖南省栽培面积较大的品种。

（1）金福　湖南省瓜类研究所选育。2001 年通过湖南省农作物品种审定委员会审定。果实球形，果皮黄色，上有深黄色细条纹，单果重 2 千克左右。瓤桃红色，可溶性固形物含量 12%，果皮厚 3 毫米，不易裂果，适应性广。

（2）黄小玉 2 号（又名玉兰）　湖南省瓜类研究所选育，2003 年通过湖南省农作物品种审定委员会审定。极早熟，果实成熟期 24 天左右。单瓜重 1.5～2.5 千克。果实高圆形，果形指数 1.15。果皮厚 3 毫米。瓤黄色，可溶性固形物含量 12%。

（3）湘育冰晶　袁隆平农业高科技股份有限公司湘园瓜果种苗分公司选育。2002 年通过湖南省农作物品种审定委员会审定。果实椭圆形，果皮浅绿具绿色条带，瓤黄色，单瓜重 1～2 千克，可溶性固形物含量 12%。秋季栽培不裂果。

（4）黑美人　台湾农友种苗公司育成。果实长椭圆形。果皮黑色，有不明显的隐形花纹。瓤红色鲜艳，可溶性固形物含量12%。果皮薄而韧，耐储运，适于夏秋栽培。

其他还有袁隆平股份公司湘园瓜果分公司育成的花美人、黄美人以及湖南省瓜类研究所引进的红小玉、黄小玉等小西瓜品种均适于湖南省栽培并在逐步推广中。

（二）多倍体西瓜品种

多倍体西瓜包括三倍体无籽西瓜与四倍体少籽西瓜。由于四倍体西瓜目前仅作为生产无籽西瓜种子的母本品种用于制种，尚未作为商品品种用于大面积栽培，本书暂不作详细说明。

下面介绍三倍体无籽西瓜的主要品种。

（1）雪峰无籽304　1974年原邵阳地区农科所配组育成，1980年至1983年邵阳市农科所提纯复壮。

果实高圆形，果皮绿色。单瓜重5千克，最大可达15千克。果皮厚度1～1.2厘米，瓤红色，质脆。可溶性固形物含量心部11%～12%，无籽性能好。中晚熟，全生育期100天。一般667平方米产量3500～4000千克。

植株生长势旺，抗病性强，适应性广，全国各地均可种植，也是湖南省无籽西瓜主栽品种之一。

（2）雪峰花皮无籽　邵阳市农科所育所。1989年经湖南省农作物品种审定委员会审定。

果实高圆形。果皮淡绿色，均匀分布绿色宽条纹。果肉桃红色，果皮厚度1.15厘米，可溶性固形物含量心部12%，无籽性能极佳，瓤肉质脆细嫩。单瓜重7～8千克。一般667平方米产量4000～5000千克。中早熟，全生育期90～100天。

植株生长强健，抗病、耐湿，在多雨潮湿的不利气候条件下仍表现稳产。是湖南省无籽西瓜主栽品种之一。

（3）雪峰蜜黄无籽　湖南省瓜类研究所选育。2001年通过湖南省农作物品种审定委员会审定。

果实高圆形，果皮绿色布浓绿色虎纹状条带。果皮厚度1.2厘米。长势中等，抗病、耐湿。中熟偏早，全生育期93～95天。果肉金黄色，肉质细脆，中心可溶性固形物含量12%～13%。单瓜重5～6千克。667平方米产量3600～3800千克。

（4）雪峰小玉红无籽　湖南省瓜类研究所育成。2002年通过湖南省农作物品种审定委员会审定。

果实高圆形。果皮绿色上有深绿色虎纹状细条带。果皮厚度0.6厘米左右。果肉鲜红，肉质细嫩，纤维极少。可溶性固形物含量心部12%。单果重1.5～2.5千克，匍匐栽培每667平方米产量2000～2500千克，支架栽培可达3000～3500千克。是无籽西瓜中优良的小果型品种。

其他还有雪峰小玉无籽二号（又名金福无籽）、雪峰蜜红无籽等品种均为湖南省瓜类研究所近年选育的无籽西瓜品种，并已通过湖南省农作物品种审定委员会审定。

（5）洞庭1号　湖南省岳阳市农科所选育。1996年通过湖南省农作物品种审定委员会审定。

果实圆球形。果皮墨绿色。瓤红色鲜艳，可溶性固形物含量心部12%。单瓜重5～8千克，667平方米产量3500千克以上。果皮坚韧耐储运。中熟偏晚，全生育期100天左右。抗病、耐湿性强。是湖南省北部地区无籽西瓜主栽品种之一。

（6）洞庭3号　湖南省岳阳市农科所育成。2000年通过湖南省农作物品种审定委员会审定。

果实圆球形。果皮深绿色。瓤黄色，可溶性固形物含量心部12%～13%，边部9%～10%，中边梯度较小，肉质细嫩，纤维极少。果皮坚韧耐储运。中熟，全生育期90天。

植株生长势强，抗病耐湿，在南方多雨潮湿气候条件下，仍表现坐果良好。为湖南省北部及相邻的湖北等省主要推广品种。

（7）洞庭5号　湖南省岳阳市农科所选育。2001年通过湖南省农作物品种审定委员会审定。

果实短椭圆形。果皮浅绿色。瓤红色，无籽性能佳，可溶性固形物含量心部13%左右。单瓜重7千克，大者可达15千克。667平方米产量4000千克。

中熟，全生育期90～100天。抗病、耐湿，在多雨潮湿的环境条件下，坐果率仍比较高。果皮硬，耐储运。

其次该所还选育了洞庭6号黄瓤品种、洞庭7号小果型黄皮黄瓤无籽西瓜品种，均已通过湖南省农作物品种审定委员会审定。

（8）湘育301　袁隆平股份公司湘园瓜果分公司选育。2000年通过湖南省农作物品种审定委员会审定。

果实圆球形。果皮浅绿色布15～18条清晰绿色齿条花纹。瓤色大红，心部可溶性固形物含量12%左右。

中熟偏早，全生育期90天左右。抗病性较强，尤其是对炭疽病的抗性表现较为显著。

单瓜重5千克左右，667平方米产量2800～3000千克。

（9）湘育308　袁隆平股份公司湘园瓜果分公司选育。2003年通过湖南省农作物品种审定委员会审定。

果实圆球形。果皮墨绿色覆隐深色虎皮条纹。果皮厚度1.28厘米，质坚韧、耐储运，瓤红色、鲜艳，无籽性能佳，可溶性固形物含量心部12%左右，肉质脆嫩。

中熟，全生育期100天左右。单瓜重6～8千克，667平方米产量3000～4000千克。抗病耐湿，适应性广。

此外，该公司还选育了湘育312、湘育303等无籽西瓜新品种。

四　栽培技术

我国各地栽培西瓜生长季节主要是春播夏收。但也有夏播秋收、秋播冬收或冬播春收。湖南露地栽培几乎全部为春播夏收，4 月播种（育苗提早于3 月），7 月采收，在这一生长季节内温度由低到高，果实发育处于高温适宜阶段，产量高且较稳定。湖南省若夏播秋收，一般称之为反季节栽培，前期温度很高，苗期管理困难，果实成熟期气温逐渐转凉，与西瓜对环境条件的要求相悖，产量和品质均不稳定。

西瓜栽培方式，除露地栽培外，近年发展较快的是地膜覆盖栽培、嫁接防病栽培、大棚保护地栽培以及无土栽培等。但不论哪一种栽培，均须掌握一般栽培技术，在一般栽培技术基础上再采用相应的或特殊的技术措施。

（一）一般栽培技术

1. 土壤选择

西瓜是耐旱性较强，但极不耐湿、怕涝的作物，因此应选择地势较高、排水良好的田、土种植。

西瓜对土壤的要求不太严格，但以肥沃的砂质壤土最为理想。砂质土通气性好，早春地温回升快，能促进幼苗生长，且昼夜温差较大，有利植株的生育和果实糖分的积累。西瓜的根系强大，在沙荒地或较瘠薄的土地上也能良好地生长。黏土种瓜要注意抽沟排水，深翻和增施有机质肥料。

西瓜对土壤酸碱度适应范围较广，但在中性土壤中生长最佳。

西瓜忌连作，要求合理轮作，西瓜连作枯萎病、炭疽病等病害发病严重。水旱轮作较为理想，旱土作物的病虫通过浸水能较快地减少。轮作年限，水田 3 年以上，旱土则应在 7 年以上。

2. 整地

西瓜怕渍水，要求在排水、透气性良好的土壤上生长。湖南春夏季节，西瓜生长期间雨日多，雨量大，对瓜苗生长不利，如果瓜田排水不良，更加重危害。排水状况、作畦方法和排水沟的设置极为重要，西瓜田的畦应为窄畦、高畦，畦宽一般 3 米左右，最宽不超过 4 米，畦高 50 厘米左右。田间的排水沟，除了畦沟之外，四周要开“围沟”，如果田块较大还要开“腰沟”，使畦长控制在 30 米以内，围沟和腰沟应比畦沟深，雨水顺沟流出，田间无积水。除了排除地面水之外，还要使泥土疏散透气，即土不“含浆”。要做到土不含浆，关键是年前耕翻暴晒，择晴天整土作畦，不对雨操作。

为保护幼苗不使受渍，可按植穴做成瓜墩。方法是植穴施基肥后，在基肥上垒一些泥土，使之高出畦面10厘米左右，瓜墩的直径一般为30厘米左右，瓜墩的中央再放堆肥，然后播种或定植。

山坡地种瓜，雨季排水较好，但是进入旱季则旱情较平地严重，因此，整地时既要有利雨季的排水，同时要有利旱季保水和灌溉，方法是等高作畦，畦面平整。

3. 播种

（1）播种期　露地直播，一般以清明（4月上旬）为始播期，谷雨（4月下旬）为通常的播种期，较迟的为5月中、下旬，若再迟，适宜西瓜生长的时间过短，很快进入高温干旱季节，茎叶长不起来，果实发育不良，产量低。

（2）种子处理　播种前种子应进行精选，根据品种特征，如子粒色泽、形状、大小、饱满度等选取，剔除畸形和变异的种子。并进行发芽试验，发芽率仅70%以下的种子应慎重对待或换种。

晒种，西瓜种子在使用前择晴天摊晒6~8小时，能加强发芽势与提高发芽率。

（3）浸种催芽

浸种：温汤浸种有杀菌的效果：用55℃~60℃的热

水，如无温度计，用两份开水加一份凉水对成亦可，将种子倒入其中，随即搅拌 2～3 分钟，水温逐渐降低，继续浸 2～3 小时。然后取出种子，用清水冲洗数次，擦除表面黏质，准备催芽。

催芽：种子发芽要求温度、湿度、氧气齐备。经过浸种的种子，水分已基本吸足，催芽过程中只需注意保湿，便可满足种子发芽对水分的要求。保湿方法很多，一般用湿棕片包裹种子或用湿润的细沙、黄泥拌种。湿棕片包裹是将种子平铺一层于棕片上，然后卷成筒状，或将种子平铺一薄层于棕片上，再在种子上加一层棕片，棕片上再铺种子，如此，可以连续铺上 5～6 层或更多，将铺了种子的棕片放入脸盆或木盆内，上盖湿布。拌细沙或黄泥催芽的泥、沙湿润度以手捏能成团，齐胸高落地能散开为准。将擦干了水的种子拌入其中，泥、沙与种子的比例是 1 份种子 5～6 份细沙或黄泥，将种子与细沙或黄泥充分拌匀后装入瓦钵或玻璃杯，上面再盖 2～3 厘米厚未拌种子的沙或泥以利保湿。将上述处理妥当的种子放入温箱或有热源的地方，在设定的温度下催芽。

催芽的热源有恒温箱设备最为理想。如果没有恒温箱但有电源，则可自制简易电热发芽箱。没有电源亦可利用厩肥、枯饼发酵热催芽。

简易电热发芽箱的制作：材料为木板和普通照明灯泡，木箱大小根据催芽种子量而定。底层装置灯泡，一般为 2 个，左右各一个。箱内用花条隔板分为 2～3 层，顶部设一处能插温度计的小孔（见图1）。根据需要，灯泡可以采用25、40或60瓦，催芽温度通常保持30℃左右，如果气温高，应开小灯泡，如果气温低，则要开大灯泡或同时开两个灯泡。盛种子的器皿置花条隔板上，箱外罩麻袋等物保温，如发现种子有干燥的象征，箱内应增放湿布以增加空气湿度。每日观察温度数次，结合检查湿度，开箱两三次，调节和补充箱内氧气。

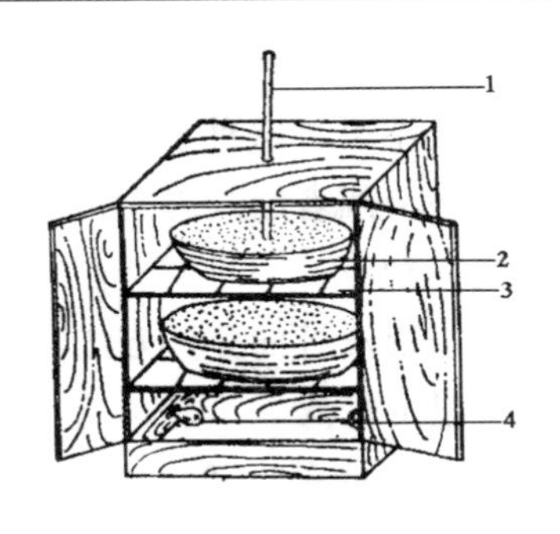

图1　简易发芽箱

1. 温度计　2. 种子盘　3. 隔板　4. 灯泡

枯饼、厩肥发酵热催芽：浸种前一星期左右，将枯饼粉末掺入适量的新鲜人粪尿或清水，使之发酵。催芽时，在枯饼堆中安放一只瓦缸，缸中放少许清水，水中置两块红砖，红砖不要被水淹没，半露水面或微露水面，将盛种子的瓦钵或玻璃杯放在红砖上（见图2）。瓦缸上面盖一块木板预防老鼠，再盖稻草保温。在装种子的容器中插入一支温度计，每日检查四五次，温度高了，揭除覆盖的稻草降温，如果揭开稻草仍嫌

图2　枯饼发酵催芽

1. 盖子　2. 瓦缸　3. 瓦钵　4. 清水　5. 温度计　6. 砖头　7. 枯饼粉

温度过高，则将瓦缸从枯饼堆中提上一些，使成半嵌入式。切不可将盛种子的瓦钵或玻璃杯直接安放在发酵的枯饼堆中，两者之间必须有缓冲层，否则难于控制温度，容易烧坏种子。

厩肥发酵催芽，方法与枯饼发酵催芽相同，惟发热较慢，温度较低。

（4）播种　西瓜播种可分催芽播种和不催芽播种。催芽播种可节约用种，提早出苗，但费工较多，操作要细心。不催芽播种，操作简便，能节省用工，但用种量较大，出苗稍迟。覆土厚度，大粒品种为1.5厘米左右，小粒品种1厘米为宜。覆土过厚出苗困难，过浅保湿不良，亦难出苗。催芽播种，芽长要适度，过短，出苗时间长，不易齐苗；过长，操作不便，且易伤芽受损。芽长以1厘米为宜。种子不可直接播在高浓度的肥料上面，枯饼、人粪尿、鸡鸭粪等作基肥，应与本田泥土锄匀，然后放堆肥，种子播在堆肥上。堆肥以腐热的厩肥、疏松肥沃的泥土为主，掺入草木灰、火土灰等。播种穴应略高于畦面，以免植穴积水造成烂种。播种后即浇水，遇连续晴天继续浇水，促使出苗。

发芽的种子每穴播2～3颗，芽尖朝下，每颗之间相距2～3厘米。未催芽的种子每穴播3～5粒。

（5）密度和用种量　生长势中等的品种，每667平方米300～400株，较密的500株。通常畦宽4米（包括畦沟），每畦栽2行，株距0.8～1米。一般为一穴一株，如果一穴两株，每667平方米400株的则应为200穴。按每667平方米400株，每穴播种子3粒计算，每667平方米需种子1200粒，中粒种子千粒重50克，即每667平方米用种量为60克（未含备用种子）。

4. 温床育苗

西瓜温床育苗主要为提早播种，争取早熟，并可节约用种，培育壮苗。鼠害严重的地方，育苗移栽，可集中防范。

温床育苗，一般培养2片真叶以上的瓜苗然后移栽，为使移栽时不损伤根群，提高成活率，须采用育苗钵播种。

修建温床：温床应选背北向阳、地势较高、排水良好的地方，并尽可能靠近瓜田以便移栽运苗。于地面挖宽1米、深0.3～0.4米，长度不限的床坑，但为了保温效果好，床坑的长度最长不宜超过30米，每667平方米大田需温床长度4米左右。床底挖成中间稍高、两边稍低的龟背形，当酿热物发酵腐烂下降时，床面能维持平整，不致中间凹陷。床坑的四周要锤紧，以免崩塌。酿热物为未经发酵腐烂的牛栏或猪栏粪草，如有新鲜马粪、羊粪更好。分层铺入，浇适量的人粪尿，促使发酵升温。酿热物上面铺1～2厘米厚的河沙或碎土，使摆入的育苗钵平稳整齐。

用篾片做床架，篾片长2米，两头削尖，插入土中30厘米左右，床架上盖薄膜，北面用泥土压实固定，南面压砖块以便揭盖。

育苗钵：育苗钵种类很多，过去瓜农多自行制作草钵、泥钵、纸钵等，现在塑料工业发达，塑料制品价廉物美，塑料育苗钵轻便耐用，购买一次，可反复使用多年，所以目前凡需育苗移栽的作物多采用塑料育苗钵，西瓜育苗钵规格为8厘米×8厘米（口径×高）。

培养土：装入育苗钵的泥土称培养土。培养土要求养分充足，肥效全面，质地疏松，通气良好，不带病菌、虫卵和杂草种子。可取含苔藓或腐烂落叶的老山土或河港干潮泥、干塘泥等，加入畜禽粪便、人粪尿、草木灰、火土灰等堆积沤制。每100只育苗钵约需培养土40千克。培养土装入育苗钵不可太满，应离钵口1厘米，以便浇水。

育苗钵摆入温床后，钵与钵之间必然有少许间隙，由于这种间隙通风透气，容易使钵的四周泥土干燥，常导致出苗不齐，出苗后则易引起幼苗生长不良，特别是无籽西瓜，影响极为明显。因此，须用潮沙或细土将育苗钵之间的空隙填满，阻止酿热物水分散发，保持育苗钵培养土水分。

苗床播种方法：发芽的种子播入育苗钵，每钵一粒，先在育苗钵中央的培养土上挖一小洞，将种子放入洞内，芽尖（根尖）朝下，上盖土1厘米，随即浇水，水要浇透，切不可产生“糖包心”，即钵内四周泥土虽湿，但钵的中心仍是干土。为避免这一现象的发生，浇水时应一行一行慢慢浇，不要似扫地洒水满床浇，没浇透水的幼芽，处于干土之中，轻则延迟出苗，重则枯死缺苗。因此播种浇水后应认真检查，如发生上述现象，须再浇水，务使湿透。

浇水既要使培养土湿透，又要尽可能不使酿热物过湿，酿热物吸水太多会降低床温。

浇透水以后，在育苗钵上面盖一层地膜，即上有拱棚，下有地膜，称为双覆盖，有利保温。一见瓜苗顶土，及时揭去地膜，以免形成高脚苗。

苗床管理：主要是床内温度和床土湿度的管理。出苗以前床温尽可能保持30℃～35℃，大部分瓜苗出土应及时降低床温，白天保持20℃～25℃，夜间在18℃左右。瓜苗出土后，若床温过高，容易出现高脚苗。第一真叶露尖以后，胚轴已较老健，可适当提高温度，白天保持30℃左右。移栽前一星期要揭膜锻炼，使逐渐适应自然气温，由白天不盖晚上盖，直至白天晚上都不盖。在炼苗期间若遇强风、大雨或寒潮，仍应盖膜保护。

苗床温度管理要避免两种偏向，一是不敢揭膜通风，另一种是揭膜通风过勤过早。正确的管理是：晴天高温，中午必须通风，床温不应超过35℃。通风不要将薄膜突然全部揭开，而是逐步加大通风口。床温未达需要降温的温度时不要随意揭膜通风，特别是晴天上午，不要过早将温床薄膜揭开，而应等床温升到应通风降温的温度才揭摸。移栽前虽然要进行锻炼，但也不要过早进行，切忌只顾“炼苗”而忽视温床育苗应该是保温促长。通风换气不要固定在一个地方，而应经常菿换，使床内瓜苗生长均匀。

湖南的春季，晴天少雨天多，湿度大，除播种浇一次透水外，出苗后钵土不干不浇，局部缺水局部浇。浇水必须在晴天进行，并要求在当天太阳下表土能见干。床土过湿是发生猝倒病的主要原因，控制浇水，避免床土过湿是预防发病的有效措施。

已建有小型塑料棚的农户，亦可利用塑料棚具有防雨、避风、保湿的作用，在棚内育苗。早春气温低，地温回升较慢，为了保证幼苗顺利出土，可在苗床下临时铺设地热电线（铺设方法将在西瓜嫁接栽培部分详述），并于苗床上加盖塑料薄膜，管理方法与温床育苗大同小异，灵活掌握。

移栽：在施好基肥的定植穴，挖深约 13 厘米的小穴，塑料钵培育的瓜苗栽前应随培养土一起倒出。倒苗的方法是左手的食指和中指夹住瓜苗胚轴，掌面贴近钵土，右手协助将瓜苗连同塑料钵倒转，使瓜苗朝下，钵底朝上，右手取出塑料钵，双手托苗放入定植穴。瓜苗不要栽得过深或过浅，在原来钵土上盖 2 厘米厚的堆肥即可。栽后浇一次透水，如遇连续晴天，瓜苗由于缺水而萎蔫应及时补浇。

5. 间苗、定苗

大田直播，播种时每穴播下数粒种子，可出苗数株。

为避免瓜苗拥挤，培育壮苗，出苗后根据瓜苗生长情况，间苗1~2次，保留符合品种特征的壮苗，去掉弱苗和畸形苗。团棵后定苗，每穴选留一株，若为双株栽培，则每穴留苗2株。

如遇缺苗，应及时补栽。少量缺苗，可从一穴数苗的植穴分苗移补。取苗时不要伤及主苗，应尽可能多带泥土，减少根群损伤。缺苗过多时，应催芽补播。定苗时发现缺苗，由于瓜苗过大，取苗补栽不易成活，不要勉强移苗，可将相邻的植穴留双苗，其中一株引向缺苗的位置。育苗移栽，苗床可留些后备苗供补苗之用。备用期以10天左右为限，过期的老龄苗虽能成活，但生长缓慢、衰弱，多成“僵苗”。

瓜苗生长不整齐时，对弱苗应给予特殊管理，如中耕松土、壅培堆肥、追施速效肥、根外追肥等，促其生长，使之赶上。

防治僵苗：西瓜生长前期，田间常出现个别或部分瓜苗叶形小，叶色发黄，缺乏生机，这种苗通常称为“僵苗”。造成僵苗的原因很多，但主要是土壤渍湿和施肥不当所致，针对其发生原因，可采取下列措施补救。

（1）土壤板结，透气不良，根群变黄，地上部发“僵”，见晴天及时中耕，追施速效肥料，但不宜对水浇施，而应在瓜苗根群的外圈开浅沟将尿素或充分腐熟的人粪尿施入，然后盖土，或将陈砖土、火土灰等撒在瓜苗四周，随中耕掺入土中。

（2）肥料浓度过高造成“僵苗”，如枯饼等高浓度的基肥施得太浅太集中，幼苗根群过早与之接触，嫩根被“烧伤”，地上部生长点呈“菊花心”。遇到这种情况，应将瓜苗移出肥料区，并锄翻肥料，拌和泥土，使根群逐渐恢复接近肥料。追肥浓度过大，且近植株施入，亦可造成“僵苗”，表现为叶色浓绿，叶形小，生长点也似“菊花心”，应停止追肥而适当浇水，使发生新根，促进地上部正常生长。

（3）基肥不足或施得过深，瓜苗营养不良，时间长了瓜苗黄瘦发“僵”，应及时追施速效肥料。

播种过浅，雨水冲刷，根群外露，扎根不良而发“僵”，则应培土护根。

（4）植穴蚯蚓过多，根群无法着泥，瓜苗发“僵”，可用茶枯水或皂素淋蔸防治蚯蚓，并壅蔸培土。

（5）根线虫为害造成“僵苗”，用药淋蔸防治。方法详见“根结线虫病”一节。

（6）低温为害造成“无心苗”，发芽或出苗期遇低温，瓜苗子叶虽能展开，但不长真叶，或长出一片畸形真叶后不再继续出现第二片，子叶逐渐变得肥大，色浓绿，畸形真叶也十分肥厚，叶色浓绿，间苗时应将此类苗拔除。若生长点有数芽丛生，则可选留 1～2 个强壮者，摘除其余瘦弱芽。

6. 施肥

肥料种类和施肥技术对西瓜产量和品质有极其重要的

影响。

不同肥料种类，由于所含氮、磷、钾成分不同，效应也不同。一般认为枯饼和人粪尿是西瓜最好的肥料，枯饼中又以芝麻饼最为理想，其次是豆饼、花生饼、菜籽饼等。鸡鸭粪、兔粪、鱼粉、骨粉、草木灰等含磷、钾成分较多，可促进植株生长，提高坐果率和抗病力，增进果实品质。

厩肥除具有一定肥效外，能保水抗旱，改善土壤的理化性状，但用量不可过多，否则易造成植株徒长，降低坐果率，且果实皮厚，成熟期延迟。

化肥肥效快，不可偏施，氮、磷、钾要合理配备，并与有机肥配合施用。

施好施足基肥是藤叶生长稳健、如期坐果的保证。基肥可施用全期总用肥量的60%～70%。施用方法，以行间沟施或穴施为佳，北方瓜农的经验："施肥一大片，不如一条线"，南方瓜农的经验："西瓜肥得洞子肥不得土"，这里的"洞子"指植穴，土指植地泥土。基肥量大并集中施用，可促进瓜苗早生快发，稳定中期长势，按期开花坐瓜。

基肥以迟效有机肥为主，如枯饼、骨粉、人粪尿、畜粪、禽粪及厩肥等，每667平方米可施用枯饼100千克，骨粉50千克，厩肥2000千克，优质堆肥（人粪尿、畜粪、禽粪、山土、塘泥等堆制）2000～3000千克。如缺乏枯饼、骨粉，也可施用氮磷钾复合肥，或者氮磷复合肥

50～80千克。

追肥对促进生长，膨瓜壮果，提高产量起重要作用。但若追肥不当，如施用量过多或过少，或施用不适时，都将造成蔓叶徒长或生长瘦弱、坐果不良。根据西瓜生长发育规律，前期应促苗快发，施用提苗肥和伸蔓肥，后期促进果实膨大，施用膨瓜肥即壮果肥。

提苗肥：瓜苗二片真叶或定植成活后，追施充分腐熟的人粪尿或氮磷复合肥一次，每667平方米人粪尿200～300千克，或氮磷复合肥10千克。连续晴天对水浇施，晴雨相间的天气则窖施，距幼苗10厘米开弧形浅沟，肥料施入后随即盖土。施肥时肥料不要沾到瓜苗茎叶上，以免灼伤茎叶。

催蔓肥：瓜苗五六片真叶，节间开始伸长时，追肥一次，每667平方米施人粪尿400～500千克，或氮磷钾复合肥20千克。施用方法同上，窖施距瓜苗20厘米左右。

如果基肥用量足，瓜苗叶片肥厚，长势稳健，无缺肥现象，上述两次追肥亦可不施。

膨瓜肥：也叫壮果肥。幼果坐稳有鸡蛋大小时重施追肥一次。每667平方米施充分发酵的枯饼50～100千克，或腐熟人粪尿1000千克，或氮磷钾复合肥50～80千克，在催蔓肥的外围挖穴施入，亦可结合抗旱浇水，将枯饼浸出液或人粪尿对水浇施，一般每星期浇施一次，严重干旱时也可2～3天一次。

根外追肥有一定辅助作用，且用肥省，见效快。肥料有磷酸二氢钾、过磷酸钙、尿素等。施用浓度，磷酸二氢钾为 0.3%，过磷酸钙 0.5%，尿素 0.5%。施时应均匀地喷在叶片上，高温晴天于傍晚施用为佳，亦可掺和在农药中施用。

此外，雌花开花期，如遇晴天高温，为提高畦面空气湿度，有利坐瓜和避免由于干旱出现畸形果，应进行以补充水分为主的薄肥浇施。

计划采收第二批瓜者，在第一批瓜进入采收期时应及时追肥，以免藤叶脱力早衰。

7. 灌溉

湖南西瓜生产季节前涝后旱，即坐果后果实发育期常出现较长时间的晴天高温，果实膨大受到严重影响，一般的浇施肥水不能满足蒸发的需要，因此，必须进行灌溉抗旱。灌溉方式多为沟灌，西瓜果实膨大期通常灌水 1～2 次，最多 3 次。灌水的深度第一次为半畦沟，即灌到畦沟的 1/2 高度，第二次灌到 2/3 处。每次灌到预定深度随即排出，不让久渍。灌水绝对不能漫畦，更不能使藤叶和果实浮起，出现这种现象，常造成死藤烂瓜。干旱季节气温高、地温也高，灌水应在夜间土壤已基本散热以后进行，即午夜开始，第二天太阳出来以前结束。

8. 中耕除草

西瓜在不行地膜覆盖的情况下，雨后给瓜苗中耕松土极为重要。一般雨停 1～2 天，畦面稍干即进行，不宜雨一停即中耕，因为泥土过湿操作不便，湿土在机械操作下形成板结的泥团，透气性尤差。中耕的范围自瓜苗处由近而远，由浅而深。从出苗至伸蔓一般中耕 2 ~ 3 次。进入伸蔓期，瓜路要进行一次规模较大的中耕。与冬种作物套种的瓜田，在冬种作物收获后，迹地要耕翻，以恢复土壤结构。随着翻耕，清除杂草。植穴由于施用堆肥和厩肥，杂草较多，应及时清除。最后一次中耕后，接着进行地面覆盖，覆盖物以麦秆、茅草或蕨类植物为佳，稻草不宜作西瓜的地面覆盖物，因为稻草吸水性强，易腐烂，西瓜茎蔓匍匐在潮湿腐败的稻草上，发病严重。

9. 整枝压蔓

西瓜分枝性强，合理整枝能调整植株的生长，减少养分消耗，改善通风和光照条件，减轻病虫危害，促进坐果和果实发育。整枝方式有三蔓式、双蔓式、单蔓式等。三蔓式除主蔓外选留两条侧蔓，双蔓式除主蔓外选留一条侧蔓，单蔓式则只留主蔓，侧蔓全去掉。西瓜主蔓基部第 3 ~ 5 叶腋侧蔓长势最强，故侧蔓均在此部位选留。主蔓上部的侧蔓和侧蔓上的

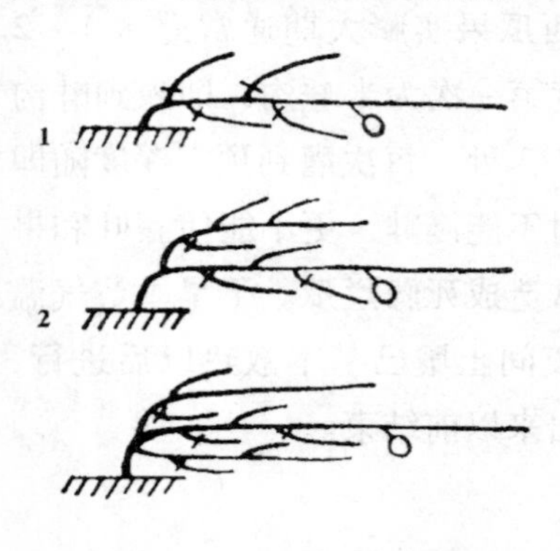

图 3 西瓜整枝示意图

1. 单蔓式 2. 双蔓式 3. 三蔓式

侧蔓即孙蔓，应及时清除（见图3）。

另一种整枝方式是主蔓留4～5片真叶打顶，促使发生侧蔓，然后每株选留3～4条侧蔓，孙蔓均及时去掉。

也有不整枝者，所有侧蔓和孙蔓均保留。不行整枝的务必稀植，否则藤叶起堆，难以坐果或果数多，果实小，商品率低。

根据植物地上部与地下部互为条件、均衡发展的规律，第一次整枝不宜过早，待地上部藤叶达到一定的生长量以后进行，有利植株根系的形成和生长。西瓜行距大，第一次整枝稍迟几天不会发生拥挤现象，藤叶拥挤只在中期发生。但整枝也不可延得过迟，以免浪费养料。

第一次整枝后，应连续进行数次，至果实坐稳可停止整枝，坐果后养分大部向果实运转，藤叶长势明显减弱。

因施肥不当，藤叶徒长未能坐果，或因雌花开放正遇天雨未能坐果，均将造成恶性循环，藤叶旺长不止，一旦发生上述现象，应当机立断，剪除部分生长过旺的主蔓或侧蔓，保留长势较弱者，改善植株通风和光照条件，待晴天坐果。

西瓜果实发育的好坏，主要决定于功能叶即茎蔓中部的壮叶，保护好功能叶是夺得高产的根本。西瓜坐果后，通常藤叶将停止生长，但在阴雨、土壤潮湿的情况下，孙蔓不但不停止生长，其萌发力极强，长势极旺，大多直立向上压住功能叶，功能叶受孙蔓挤压、荫蔽后感病枯萎受损，影响果实发育，果型小，产量低，品质差。因此，在生长过程中，特别是果实发育期，如果发现孙蔓压住功能叶时，亦即嫩叶压壮叶，应及时将孙蔓剪除，保护功能叶。

第一果进入成熟期，如营养充足，可从植株基部长出强壮的侧蔓，这些蔓结的瓜，果形品质都很好。

西瓜正常坐果植株的长相是：叶柄长度小于叶身长（叶身长一般为18～25厘米）；雌花开花节距蔓顶端30～60厘米，蔓的节间平均长8～25厘米。如超过上述指标，即为徒长的象征。一旦徒长，除停止追肥、及时整枝使畦面通风透光外，在雌花节上方1～2节处将藤蔓扭曲或捏裂，能抑制其营养生长，促进坐果。

压蔓：西瓜藤蔓若被风吹滚动，将严重影响生长和坐果，幼果若被撞伤常发育成畸形果。压蔓可防止风害，并使藤蔓排列整齐，有利接受光照。

压蔓有明压和暗压之分。暗压是在压蔓的部位开一条浅沟，将2～3节瓜蔓放入沟中，然后压土，这种方法在湖南多雨的气候条件下有时造成烂藤，因此一般不采用。明压是在畦面上用泥块将藤蔓压紧压牢。不论是明压或暗压，结瓜部位前后各两节不能压，以免影响果实的生长。压蔓一般在晴天午后进行，以减少损伤。

瓜苗出藤以后，一般的情况下能自然倒蔓，匍匐地面生长，但有时由于连续降雨或浇施肥水，根颈部泥土板结，虽已出藤但不能伏地，这种瓜苗遇强风，容易被风吹折断，应及时将苗放倒。其方法是将根颈部泥土锄松，必要时扒开部分泥土，使根颈露出，然后朝指定方向轻轻放倒，并在根颈部培土，切不可强行推倒，以免扭伤根颈。

10. **授粉定瓜**

西瓜是虫媒异花授粉作物，传粉的昆虫主要是蜜蜂、蚂蚁和蓟马。昆虫的活动受自然条件的影响，晴天蜜蜂活动频繁，阴雨低温天活动则少，如田间使用杀虫农药，昆虫活动则更少，这些都影响西瓜授粉、坐瓜。遇到上述情况应进行人工辅助授粉，其方法是摘取雄花，待自然开放后，剥去花冠，将花药轻轻地与雌花柱头接触，一朵雄花可授粉 2 ~ 3 朵雌花。人工辅助授粉虽然可以弥补昆虫活动不足对正常坐果的影响，但若授粉后降雨，仍不能坐果，因此应采取戴帽等保花保果措施。

定果：西瓜坐果节位与果实的发育状况及产量的高低有很大的影响。坐果节位过低，早熟品种主蔓 10 节以下，中熟品种 13 节以下的瓜称为“根瓜”，根瓜果型小、产量低，且易出现果实空心、皮厚、果瓤肉质粗、含水少等现象，商品性差，应尽早摘除，待下一雌花坐瓜，即选留主蔓第二或第三雌花，或侧蔓第一雌花坐瓜。

11. **采收**

西瓜果实品质与成熟度关系极大，没有成熟的果实含糖量低，食用价值不高。成熟过度食用价值也降低，因此，掌握西瓜的采收标准是保证质量极为重要的一环。西瓜是否成熟，下列各点可作为判断的依据。

（1）计算果实发育的天数和积温　早熟品种雌花开放至果实成熟须30～35天，积温800℃左右；中熟品种须35～40天，积温900℃左右；晚熟品种须40天以上，积温1000℃～1100℃。在雌花开花期，分批做出标记，如在果柄上系上不同颜色的布条或插上不同颜色的小标记杆，进入采收期，采果检验，然后确定各批果实的采摘日期。

（2）察看果实所在节位的卷须　一般情况下，果实所在节位的卷须及其往上1～2节的卷须枯萎，该果实已经成熟。但须综合瓜田藤叶长势进行判断，在藤叶长势较旺的情况下，有时果实虽已成熟而卷须尚未枯萎，反之藤叶长势衰弱，卷须提前枯萎，果实并未成熟。

（3）弹听果实声音　手指敲弹果实，未熟的西瓜发出的声音“钢”而“脆”，充分成熟的果实发出的声音“疲”而“浊”，然后在这两种声音之间判断出不同的成熟度。

（4）抚摸果皮、察看皮色　成熟的果实果面有蜡粉，手感光滑。果实着地处的皮色由黄白转为橙黄。

“空心瓜”和“汤瓤瓜”的识别方法如下：

“空心瓜”：西瓜理应是“实心”而不是“空心”。但由于生理和栽培的原因出现果瓤干缩的大空腔，特称“空心瓜”。空心瓜可从果实外形和果重识别，西瓜果实果脐凹陷，果面瓣痕明显，手托果实感觉特别轻，拍击时发出如同泄了气的皮球的声音，一般都是空心瓜。这种瓜与坐果节位有关，坐果节位过低的“根瓜”易空心，故“根瓜”应及时摘除，待第二或第三雌花坐瓜。

“汤瓤瓜”：西瓜果实果瓤坏死，严重时如水煮状，称“汤瓤”。这种瓜外部无伤痕，但果重较正常果实有增加的感觉，敲弹果实发出的声音，既不同于成熟的西瓜，也不同于未熟的生瓜，而是如铜壶装满了水，敲击时发出叮叮叮的声音。

果实汤瓤，一般经过由轻而重的发展过程，即可分为轻度汤瓤和重度汤瓤。轻度汤瓤，果瓤部分坏死，坏死的果瓤呈透明状。重度汤瓤，果瓤全部坏死，有酸臭味，进而瓤肉发酵，果实破裂。汤瓤瓜一般在成熟初期发生，瓤色已经转红或开始转红，故“汤瓤”呈猪肝色透明状。汤瓤瓜的产生与高温骤雨或干旱下沟灌有密切关系。田间发现汤瓤瓜，采收时应逐个检查，根据敲弹的音响来判断，及时处理不让进入市场。

12. **间作套种**

湖南西瓜栽培主要是瓜稻轮作，年度内春季西瓜，秋季晚稻。为提高土地利用率，洞庭湖区采用油菜、西瓜套作，即油—瓜—稻一年三熟，湘中丘陵区小麦、西瓜套作，即麦—瓜—稻一年三熟。

油菜、小麦套作西瓜，年前按西瓜栽培作畦，畦宽一般为 4 米（包括畦沟），每畦沿畦边各留瓜路一条，瓜路的宽度为 0.5 米，畦中央播种油菜或小麦。4 月中、下旬于瓜路播种西瓜。油菜或小麦，5 月中、下旬收获。西瓜与油菜（或小麦）共生期约30天。这种套作方式，低温期油菜（或小麦）可为瓜苗起到一定的防风保温作用。

西瓜收获以后插晚稻，湖南晚稻插秧期最迟为“立秋”，即8月上旬完成，因此，西瓜应于7月下旬清园。

西瓜的间作，主要有西瓜与辣椒间作、西瓜与生姜间作以及西瓜与凉薯间作。

西瓜与辣椒间作：20世纪40年代至80年代长沙县榘梨地区有一定的栽培面积。间作的辣椒品种均为晚熟种，如光皮辣椒、灯笼泡辣椒，且均为主干较高的直立型品种，前期长西瓜，后期长辣椒，互不矛盾。作畦方式，畦宽3米（包括畦沟），畦面按60～70厘米行距作成高约10厘米的小垄，辣椒栽于垄沟，西瓜种于垄脊，每垄种西瓜一株，每667平方米370株左右。西瓜、辣椒播种和定植期均为4月中旬前后。西瓜8月份采收结束，辣椒11月份清园，前期以培育西瓜为主，西瓜采收后则加强对辣椒的培管。

西瓜与生姜间作：本间作方式，长沙县榘梨地区亦曾有一定的栽培面积。生姜是半阴性作物，盛夏，西瓜可为生姜遮阴。姜苗可供西瓜卷须缠绕，固定藤蔓，减轻风害。按西瓜的栽植要求整地，畦宽3米（包括畦沟），畦面上按生姜行距（60～70厘米）开深约25厘米的小沟，于沟底按20～25厘米株距定植生姜。行埂播种西瓜，每埂一株667平方米370株左右。生姜的护阴须至8月下旬结束，故西瓜的藤叶尽可能保留到8月下旬，由于生长期延长，一般结两批西瓜，西瓜清园后，为生姜培蔸，经

2～3次培蔸，将原来的沟变成埂，原来的埂变成沟。

西瓜与凉薯间作：按西瓜的作畦方式作畦，畦面每株西瓜留出约50厘米见方的面积，其余地面栽植凉薯，凉薯的行株距为30厘米×25厘米。前期以培育西瓜为主，待西瓜采收后，清除瓜藤，培育凉薯。凉薯前期受西瓜藤叶荫蔽，生长较瘦弱，待西瓜清园后才得到较好的肥培管理，因此，凉薯的收获期较不间作的约迟一个月左右。

（二）无籽西瓜栽培技术

当前栽培的无籽西瓜都是三倍体无籽西瓜，是以四倍体西瓜作母本，二倍体西瓜作父本的一代杂种。

1. 三倍体无籽西瓜的生育特性

无籽西瓜与普通西瓜比较有以下几方面的特性：

（1）无籽西瓜的种皮（种壳）厚而硬，种胚不充实，子叶畸形，多呈抱合状，发芽较困难，发芽率低，成苗率也较低。发芽率一般为70%～80%，成苗率80%～90%，100粒种子约可成苗60～70株。

（2）无籽西瓜苗期生长缓慢，特别是出真叶前，侧根少，有如“独根苗”，叶形小，叶肉较厚，胚轴扁圆，多呈扭曲状，如与同期的普通西瓜苗比较，再好的无籽西瓜苗也只能列为“三类苗”。但进入伸蔓期，植株开始旺盛生长，较同等条件下的普通西瓜茎蔓较粗，叶片较大而肥厚，叶色亦较深。耐热性较强，增产潜力大，但若施肥管理不当，较易引起植株徒长而坐果不良。

（3）无籽西瓜的雄花虽能正常开放，但花粉畸形，多为空囊或巨型细胞，孕性极低，不能正常授粉受精。但无籽西瓜的雌花与普通西瓜的雌花一样，必须授粉才能发育成果实，因此，栽培无籽西瓜必须按比例间栽普通西瓜，经昆虫或人工传粉，使普通西瓜的花粉传到无籽西瓜雌花的柱头上才能坐瓜。

（4）无籽西瓜对环境条件要求较严，如气温较低、日照不足、营养不良、土壤过干或过湿、肥水管理不当等易出现畸形瓜，果实三角形、空心、皮厚等，甚至出现较多的着色秕子，失去无籽的意义。但一个果实内偶尔有一粒或两三粒硬壳有胚的种子是正常现象，这种有胚的种子通常为二倍体种子。无籽西瓜果实内仍有白秕子，白秕子的大小和多少与品种组合有关，优良组合白秕子少而小，食用时无感觉。

2. 无籽西瓜栽培特点

（1）破壳催芽　三倍体无籽西瓜种子种胚发育不良，种壳厚而硬，发芽较困难，人工破壳能提高发芽率，方法是用剪丝钳将种脐部轻轻夹破（见图4），为控制操作时的力度，在钳子支点的后方垫一指形塑胶管，限制钳

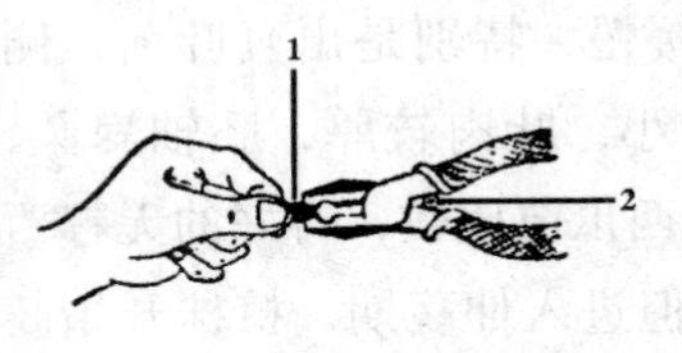

图4　无籽西瓜种子破壳方法

1. 西瓜种子　2. 小橡皮管

口的闭合度，操作时听到种壳破裂声即可。总之，既要使种脐部种壳破裂，又不损伤种胚。种子可以先浸种再破壳，也可先破壳再浸种。先破壳再浸种即干种子破壳，操作较方便，破壳后浸种的时间应短一些，浸1小时即可。先浸种再破壳即湿种子破壳，种子从水中取出后用毛巾擦干种子表面水湿，再拌少许干土或煤灰，以防种子打滑，便于操作。先浸种再破壳的浸种时间为2～3小时。无籽西瓜种子吸水率较普遍西瓜种子吸水率高约1倍，因种子内腔孔隙大易积水而引起腐烂，因而浸种时间不宜过长。若不用剪丝钳破壳，也可用牙齿将种壳嗑开。不论用什么方法破壳，在不损坏种胚的前提下，应尽量使种壳裂开度大一些，以便于出苗后人工协助去壳。

催芽温度控制在34℃～35℃，在此温度条件下，经35小时左右发芽率可达70%，在我国西部地区如新疆、甘肃等省区内繁殖的无籽西瓜种子较南方繁殖的种胚较充实，在上述条件下催芽，发芽率能达到80%左右。

（2）温床育苗　为提高无籽西瓜的成苗率，温床育苗必不可省，床温白天30℃～35℃，夜晚不低于18℃～20℃，并须用育苗钵播种，以便带土移栽，不可将发芽的种子直播大田，以免造成损失。

三倍体无籽西瓜出苗时，坚硬的种壳常紧紧夹住子叶，很难自行脱落，应人工协助剥除，一般在上午种壳湿润时进行。种壳干后则不易剥离，而且会伤及子叶。

（3）配置授粉品种　栽培三倍体无籽西瓜必须间栽

一定数量的普通西瓜作授粉株。授粉株的比例，一般为4:1，即每4行（畦）无籽西瓜间栽1行（畦）普通西瓜。配置授粉株以后由蜜蜂传粉，如果蜜蜂活动少，还须人工辅助传粉。上午9时以前采集普通西瓜雄花，剥去花瓣，将雄蕊上的花粉轻轻涂抹在无籽西瓜雌花的柱头上，一朵雄花可为4~5朵雌花授粉。

选用的授粉品种，其果实形态或花纹皮色应与无籽西瓜有明显区别，采收时避免无籽西瓜与有籽西瓜混杂。

授粉品种与无籽西瓜的花期必须相遇，即无籽西瓜雌花开花时，授粉株的雄花应进入盛花初期。为使花期相遇，一是两品种熟性基本相近，二是调节播种期。如两品种熟性相近，则应同期播种，无籽西瓜温床育苗，授粉品种也应温床育苗。普通西瓜较无籽西瓜前期生长快，迟播几天，花期也能相遇，但同期播种能有效地增加授粉株的雄花数，以期有充足的花粉为无籽西瓜授粉。

（4）适当稀植　无籽西瓜前期生长较缓慢，但伸蔓以后长势迅速转旺，藤粗叶大，坐果节位亦高，栽植株行距应适当大一些，667平方米350~400株为宜（包括授粉株）。采用三蔓或四蔓整枝，争取一株多果，可增加产量，节约用种。

（5）加强管理，提高果实商品率　无籽西瓜坐果节位过低的“根瓜”，如主蔓15节以下、侧蔓8节以下的瓜，果型小，易空心，且常出现较多的着色秕子，应及时摘除，使第二或第三雌花坐瓜。果实发育期，遇晴天高温，水分供应不及时的情况下，易出现三角形空心瓜。果实发育期应加强肥水管理。成熟过度的无籽西瓜，口感粗糙，品质下降，因此，应及时采收。普通西瓜十成熟采收品质最佳，无籽西瓜以九成熟采收为宜。

（三）西瓜嫁接栽培

1. 西瓜嫁接栽培的意义

（1）预防西瓜枯萎病　西瓜枯萎病是土传病害，世界各地均有发生，栽培老区尤为严重。病原菌以菌丝体、厚垣孢子和菌核在土壤及病株残体上过冬，生活力很强，可在土壤中存活5~6年，有的还可存活更长的时间，目前还没有十分可靠高效的药剂能在生产上大面积应用。合理轮作，特别是水旱轮作，不失为预防西瓜枯萎病的有效措施，但在西瓜栽培面积较大的地区轮作周期短，土壤内枯萎病病原菌的含量浓度大，病害仍不免发生。利用对西瓜枯萎病有抗性或免疫的瓜类作砧木与西瓜进行嫁接栽培，切断病菌入侵通道，可以达到防病目的。湖南省园艺研究所1979年对嫁接西瓜（砧木分别为瓠瓜、葫芦、南瓜）进行疫区鉴定，嫁接西瓜无一株发生枯萎病，未嫁接的各对照区普遍发病死苗，病株率达95%以上，基本失收。1991年在所内生产田再次调查，结果见下表。从表中可以看出，西瓜嫁接栽培预防枯萎病的效果十分显著。

嫁接苗与自根苗发病情况调查

类别	面积（公顷）	株数	死株数（%）	死株率（%）	果实个数	其中2千克以上个数	总重（千克）	平均单果重（千克）	折每公顷产量（千克）
嫁接苗	0. 016	144	0	0	200	107	828	4. 14	51750
自根苗	0. 027	240	76	31. 6	110	24	292	2. 6	10950

* 该生产田4年未种过西瓜，品种为湘杂3号。

（2）稳产高产　由于西瓜嫁接能有效地预防枯萎病的发生，无缺株死苗，产量平稳，收益可靠，嫁接西瓜砧木根系较自根西瓜发达，吸肥力增强，地上部生长量加大，同化效率提高，因而西瓜产量可不同程度增加。

嫁接西瓜由于砧木有较强的吸肥力，生长前期表现尤为突出，因此，嫁接栽培的西瓜可以适当减少基肥用量，以避免前期瓜苗徒长，推迟开花，发生花而不实的现象。

基肥减少到什么程度，应依地力及栽培条件而异。葫芦砧的嫁接苗较自根苗的用肥量可减少20%～30%

（3）增强耐寒性，促进早熟　西瓜生长发育的最适温度为（25±7）℃，湖南栽培季节主要是春播夏收，大部分地区由于春季气温回升慢，前期低温影响西瓜蔓的伸长，花期推迟，果实发育不良，这一现象在早熟栽培中尤为突出。湖南省园艺研究所多年的试验结果证实，在同等栽培条件下，以葫芦作砧木的嫁接苗比未嫁接的自根西瓜雌花盛期早5天左右，果实采收上市期提前5～7天。嫁接提高了西瓜植株的耐寒性，对于保护地早熟栽培十分有利，因此嫁接是西瓜早熟栽培的重要措施之一。

（4）保存育种材料，扩大繁殖系数 珍贵的育种材料或育种材料很少的情况下，可以将枝条或芽嫁接在适合的砧木上培育成植株，达到保存材料，扩大繁殖系数的目的。用生物技术获得的无性苗，如三倍体无籽西瓜茎尖组织培养的苗，用原生质体或单细胞诱导培养的苗以及转基因植株的再生苗等，这类无性苗要用人为的办法诱导其发生不定根比较困难，且需要的时间长，然而采用嫁接办法，将上述材料嫁接到砧木上，给予适宜的条件，精心管理，可以很快将试管苗培育成可以在大田栽培的植株。

2. 西瓜嫁接的砧木

西瓜嫁接用的砧木是采用同为葫芦科作物的不同种或变种，目前用的较多的是葫芦、南瓜，其次有冬瓜、丝瓜及西瓜共砧等。选择适宜的砧木品种应该从下述几个方面综合考虑：

（1）抗病性 西瓜嫁接的主要目的是预防枯萎病，从苗期与成株期的接种试验看，葫芦、南瓜、冬瓜、丝瓜不感染西瓜专化型枯萎病菌，因此，这些种类均可作为西瓜嫁接用的砧木。目前我国各地用来作西瓜嫁接的砧木大多是葫芦属的瓠瓜。

（2）亲和性 西瓜与砧木的亲和力，包括嫁接亲和力与共生亲和力。嫁接亲和力是指砧木和接穗愈合的能力，嫁接亲和力强的，只要管理得当，成活率可达99%

以上。共生亲和力是指嫁接成活后砧木和接穗的共生能力，包括植株的生长、开花、结果及果实发育情况，如共生亲和力强，嫁接苗生长发育正常，并且比不嫁接的生长茂盛。如果共生亲和力弱，即使嫁接成活好，但后期生长受阻，表现为发育缓慢，并出现瓜苗发黄，坐果不良等现象。

葫芦属与西瓜血缘近，嫁接成活率高，很少发生共生不亲和现象，并且没有发现与西瓜不亲和的品种，表现了稳定的亲和性，但较易感染根线虫病，耐寒性不及南瓜，生长后期有时出现急性萎凋现象。

南瓜属各种类和品种在共生亲和性上有较大的差别，不同品种引起不亲和的例子很多，因此，用南瓜作砧木时必须先经亲和力测定。南瓜砧耐寒性较强，不感染根线虫病，坐果期和果实成熟期稍晚。

冬瓜砧耐寒性稍弱，苗期生长缓慢，但后期耐热性能较强。丝瓜砧各地反映不一，有的认为嫁接苗节间短缩，叶形小，虽能连续开花坐果，但果型小。

（3）不影响西瓜果实的品质　西瓜嫁接栽培，其果实的甜度及果瓤质地风味等一般不受砧木品种的影响，但少数南瓜品种嫁接的西瓜，果实瓤肉纤维较粗，个别品种口感有轻度南瓜味。

当前使用较多的砧木品种有：

（1）长瓠瓜　又称瓠子、扁蒲，各地均有栽培。果实长圆柱形，皮白绿色，茎蔓生长旺盛，根系发达，吸肥力强。作西瓜砧木，嫁接亲和力好，植株生长健壮，无发育不良植株，抗西瓜枯萎病。根部耐湿性和在低温下生长比西瓜强，坐果稳定，对接穗果实品质无影响。但嫁接植株生长后期有时发生急性凋萎症状。

（2）长颈葫芦　果实长纺缍形，生长强健，根系发达，适应性强。作西瓜砧木亲和力好，抗西瓜枯萎病，坐果稳定，对接穗果实品质无影响。

（3）新土佐　该品种是印度南瓜与中国南瓜的杂交一代种。作西瓜砧木亲和力好，生长势强，较耐低温，抗西瓜枯萎病，对接穗品质无明显不良影响。但有关资料指出：它不是所有西瓜品种的适宜砧木，特别是与四倍体和三倍体西瓜表现不亲和，所以，应通过试验明确该砧木与所用接穗的亲和性后方可推广应用。

（4）相生　日本培育的瓠瓜杂交种。作西瓜砧木亲和力好，植株生长强健，抗西瓜枯萎病，较耐瘠薄，对低温的适应性好，坐果稳定，对接穗果实品质无影响。

（5）勇士　中国台湾农友种苗公司利用非洲野生西瓜育成的杂交一代种，为西瓜专用砧木品种。“勇士”嫁接西瓜亲和力好，抗枯萎病，生长强健，在低温下生好良好，坐果稳定，接穗果实风味与自根苗西瓜完全相同。但嫁接苗成活后，前期生长较缓慢，进入开花坐果期生育转旺。

3. 嫁接方法

（1）劈接法（见图5）

砧木及接穗的准备　砧木应较接穗先播种，提前播种的天数根据选用的砧木种类而定。瓠子或葫芦作砧木，先播种 7～10 天，或在砧木顶土时播接穗。如用南瓜做砧木，南瓜比瓠子、葫芦发芽快，苗期生长也快，接穗的播种期距砧木的播种期须相应缩短。砧木以第一片真叶露头，接穗子叶开展，但尚未完全平展为嫁接的最适时期。砧木苗龄过大时，接穗可能插入砧木髓腔，常易发生砧穗愈合不良或接穗发生不定根自髓腔中空部位长入泥土，达不到嫁接换根的目的。接穗苗龄大，蒸腾量大而引起凋萎，影响成活。因此计算好砧木与接穗的播种期，并人为控制苗床温度的高低来调节砧穗苗的适宜大小，也是嫁接成活的关键之一。

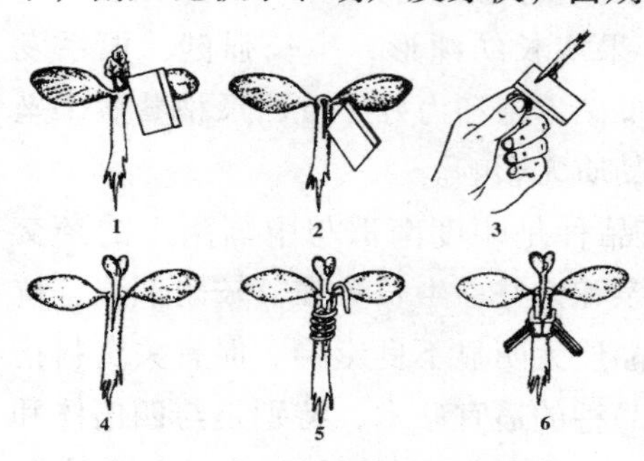

图 5　劈接流程示意图

1. 砧木去生长点　2. 劈砧木　3. 削接穗
4. 接穗插入砧切口　5. 用线捆扎接口
6. 用塑料夹固定

播种砧木的苗床应酌施基肥，培育下胚轴粗大的壮苗，以利操作。

取苗嫁接通常在室内进行，首先从苗床挖取砧木与接穗，砧木根群过长者适当剪短，保留 2～3 厘米即可，但不可伤及子叶及胚轴。接穗拔取后，置清水中轻轻洗净泥沙。

劈砧木　先去掉砧木苗的真叶和生长点，用刀尖于胚轴的一侧自子叶间向下劈开，劈口长度约 1.5 厘米左右，只劈一侧，不可将胚轴全劈开，否则子叶向两边披开下垂，无法固定接穗，难于成活。

削接穗　将接穗离子叶 1～1.5 厘米处朝根部方向斜削两刀，使成楔形，削面长约 1 厘米，将削好的接穗插入砧木劈口，使两者削面紧贴，用棉线绑扎接口，或以专用小塑料夹固定（见图 5），使砧木与接穗的削面人为靠紧，有利愈合，成活率高。

（2）插接法（见图 6）

插接法又名顶插接。应用此法，可将砧木从苗床挖取在室内进行，也可不挖出砧木在苗床就地进行。插接不需绑扎，能节约用工用线或嫁接专用塑料夹，但技术要求较高。插接使用的工具，除削接穗的刀片外，还需一根竹签。嫁接时先去掉砧木生长点，只留两片子叶，以左手的食指与拇指轻轻夹住砧木的子叶节，右手持小竹签在平行于子叶方向插入胚轴，即自食指向拇指方向插入，以竹签的尖端正好到达拇指处为度，竹签暂不拔出，接着将西瓜苗垂直于子叶方向下

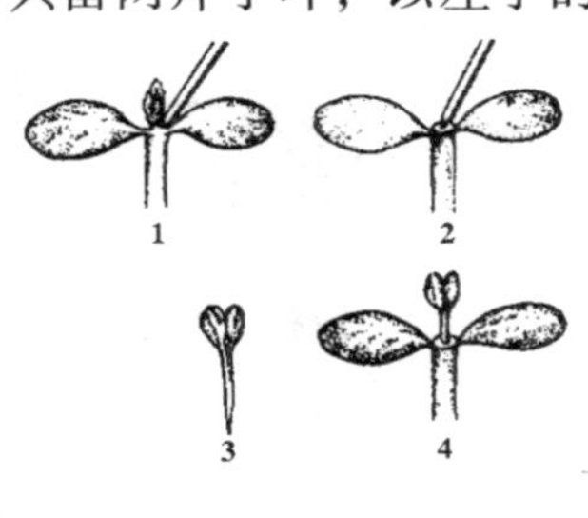

图 6　顶插接示意图

方约1厘米处的胚轴斜削一刀，削面长约1厘米左右，称大斜面，另一方只需去掉一薄层表皮，称小斜面，拔出插在砧木内的竹签，立即将削好的西瓜接穗插入砧木，使大斜面向下与砧木插口的斜面紧密相接。砧木苗下胚轴粗壮、接穗苗龄适宜即两片子叶刚伸展，成活率高。既不绑线也不需夹接口，工效高，是目前生产上普遍应用的一种嫁接方法，技术熟练者一人1天可接2000株左右。如果采用苗床就地嫁接，砧木种子播种时要排列成行，出苗时子叶展开的方向与苗床纵向平行，嫁接时操作方便。

顶插接法砧木与接穗播种育苗期与劈接法相同。

（3）靠接法（见图7）

靠接又称舌接。砧木与接穗自苗床挖取时两者的根系均应保留。嫁接时先在砧木子叶节下1厘米处用刀片作45°向下削一刀，深及胚轴的1/3～1/2，长约1厘米，在接穗的相应部位向上斜削一刀。深度、长度与砧木劈口相等，砧木与接穗舌形切片的外侧应轻轻削去一层薄皮，将两者切片相互嵌入，用塑料夹固定，并同时将砧木和接穗组合成的新植株栽入育苗钵，置苗床培育，栽苗时接口须离土面3～4厘米，避免西瓜接口着泥生根。经10天左右接口愈合，及时切断西瓜根茎部并去掉砧木生长点，撤去塑料夹。此法因接穗带根嫁接，苗床保湿管理不如劈

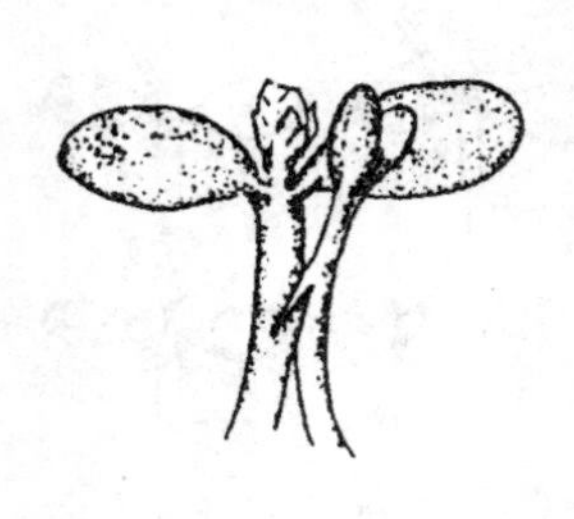

图7　靠接示意图

接、插接严格，成活率高，但操作较麻烦，工效低。

靠接法要求砧木和接穗苗高度尽可能相近，因此接穗的播种期应比砧木提前 5 ~7 天。接穗第一真叶显露、砧木子叶充分平展为嫁接适期。

4. 嫁接苗的假植与培育管理

瓜苗嫁接后必须在苗床保温培育，这种床称为假植床。假植床的制作与播种床同，床宽约 1 米，床底垫必要的酿热物或安放电热线，架棚盖膜，床的四周挖好排水沟，避免床内渍水。

嫁接苗在伤口愈合期内要求比较高的温度，在有条件的地方最好利用电热线加温，以保证嫁接的成活率高。

电热温床是 20 世纪 80 年代发展起来的一种新的育苗设施。电热温床多设在塑料大棚或玻璃温室内，在床底铺上电热加温线以提高土温，虽然成本稍高，但能克服嫁接苗假植期间阴雨天多，气温、土温低的不利影响，能够人为控制加温、降温，以免遇低温影响嫁接成活率。这种育苗方式已成为当前集中育苗，促进种苗商品化的重要设施。

电热加温线与一般电线不同的是，接上电源后就能散热在土层内以提高土温。电热线设置方法如下：

在大棚或温室内整地作畦（即假植床），畦宽约 1 米，长度与大棚或温室长度一致，先将畦面泥土扒至另一畦上，露出下层硬底，整平，接着布线，在湖南 4 月份嫁接苗假植要求土温维持在20℃～25℃之间，通常18米左右长，1米左右宽的假植床需要置1000瓦功率的电热线1根，线长100米，可来回绕6道，线与线之间的距离15～16厘米。布线时必须将线拉紧，为此，每一个床应准备12根30厘米左右长的小竹棒，床的两端各插6根，每根之间距离相等，15～16厘米，然后，将电热线一端固定在竹棒上来回绕，并拉直。铺好线后，再将扒开的泥土盖上、整平，嫁接好的苗子即假植其上。

布设电热线时应严格注意以下事项：

第一，安装电路、接头务必请正规电工协助，千万不可由不懂电工技术的人随意操作，以免发生事故。

第二，电热线的功率是固定的，使用时不能随便剪断。

第三，利用电热线加温，可以通过通电与断电来调节所需温度，若配一只控温仪，温度更加稳定，还可省电。

嫁接苗假植的株行距为10厘米×12厘米，嫁接一批假植一批，假植后随即浇水。劈接法接口处绑了线条，清水可往瓜苗上喷洒，接口沾有水湿对成活无影响。插接法接口不绑线，只能在行间向床土浇水，以免冲落接穗，浇水后即将棚膜盖好。

嫁接成活率的高低虽与嫁接技术有关，但更为重要的是嫁接后的管理。管理不当，即使嫁接技术很好，成活率也会很低。假植床的管理主要有下述几个方面的工作。

（1）温度管理　嫁接苗伤口愈合的适宜温度是

22℃～25℃，有加温设备的假植床容易控制温度的高低，仅有酿热物的假植床则应尽量保证酿热物的质量，可采用新鲜厩肥，加入适量的人粪尿等，于假植前一星期左右做成，使发热期得到最合理的利用，但床内温度最高不要超过35℃，最低不要低于20℃。寒潮期不要勉强嫁接，否则成活率低，造成失败或损失。

（2）湿度管理 嫁接苗在愈合以前接穗的供水全靠砧木与接穗间细胞的渗透，其量甚微，如假植床空气湿度低，蒸发量大，接穗失水凋萎，会严重影响嫁接成活率。假植床相对湿度应保持在95%以上。假植后浇一次透水盖膜，2～3天内可不进行通风，床内薄膜附着水珠是湿度合适的表现。3～4天以后根据天气情况适度通风。假植床保温保湿是发病的有利条件，为避免发病，床土应进行消毒，带病的砧木或接穗严格清除，只要床土不过干，接穗无萎蔫现象，不轻易浇水。

（3）光照管理 遮光是调节床内温度，减少蒸发，使瓜苗不萎蔫的重要措施。方法是在拱棚膜上再覆盖竹帘、草席或黑色薄膜等物。嫁接后3天内，晴天可全日遮光，以后逐渐缩短遮光时间，直至完全不遮。遮光时间的长短也可根据接穗是否萎蔫而定，嫁接一星期内见接穗萎蔫即应“遮光”，一星期以后轻度萎蔫亦可不遮或仅在中午强光下遮1～2小时，使瓜苗逐渐接受自然光照。

（4）解线 劈接法嫁接者，在假植床培育10天左右，砧木与接穗已基本愈合，这时应将绑扎在接口处的线条解除，若是采用专用塑料夹固定伤口的，此时也要将夹子撤去。解线撤夹不可过早也不可过晚，过早伤口尚未愈合，接穗有掉落的危险，过晚线条会勒入胚轴，形成一道道伤痕，影响瓜苗生长，若线条已嵌入胚轴，勉强解除，瓜苗多被折断。但线条必须解除，否则瓜苗不能长大。解线撤夹宜在晴天进行，不可顶着低温寒潮天气操作，以防受冻接穗掉落。

（5）装钵　嫁接苗成活后，须移入育苗钵继续在拱棚薄膜苗床培育，以便带土移栽。装钵时如砧木根系太长，须适当剪短，保留 4～5 厘米长度为宜，使根群舒展。由于根系受损，强光下可能出现萎蔫现象，仍须透当遮光。

（6）抹除砧木腋芽　砧木子叶间长出的腋芽要及时抹除，以免影响接穗生长。

瓜苗装钵培育 10 天左右，接穗长出 2～3 片真叶，即可定植大田，定植期为 4 月中下旬。定植不可过分抢早，以免遭寒害，但也不宜在育苗钵内培育时间过长，因为容器内养分有限，可供根系发育的范围也有限，苗龄过长，定植后容易出现“僵苗”。

定植大田后砧木腋芽仍须继续清除，但砧木的子叶不可伤害，砧木子叶制造的养分对自身根系的发展起重要作用，只有砧木根系发育良好，接穗才能正常生长。砧木子叶受损的嫁接苗，由于前期生长受阻，进而影响后期开花坐果。因此，在取苗、嫁接、假植、装钵、定植等操作过程中均应小心保护瓜苗子叶。

5. 嫁接栽培特点及其注意事项

西瓜嫁接后因受砧木根系的影响，生育及生理特性有所改变，应采取相应的栽培技术，才能发挥嫁接栽培的效应。

嫁接苗由于砧木根系发达，吸肥力强，基肥和苗期追肥如施用过量，易出现生长过旺，影响雌花的出现和延迟坐果，故应适当减少基肥及苗期追肥的用量，瓠子砧可较自根苗减少20%。坐果以后则根据植株的长势灵活掌握。

嫁接苗较自根苗长势旺盛，主蔓较长，侧枝萌发快，因此种植密度较自根苗应适当降低，并及时整枝，不宜放任生长。

瓠子、葫芦砧的嫁接苗，由于其根系较浅，耐旱性不及西瓜自根苗，在后期高温干旱的情况下，如供水不足，藤叶容易萎蔫，故应加强后期的肥水管理。

西瓜嫁接栽培的目的是预防土壤传染的枯萎病。该病在西瓜老产区危害严重，新区一般不发生，因此，新区种瓜不必采取本措施。由于西瓜嫁接栽培能预防枯萎病，往往忽略了轮作，同时嫁接苗经过温室、温床育苗，增加了感病的机会，有可能预防了枯萎病，却诱发了炭疽病等其他病害。因此，西瓜嫁接栽培虽可减少轮作年限，但仍不可连作，并须注意其他病害的发生，采取相应措施进行防治。

嫁接栽培，切不可用压蔓的措施固蔓防风，宜在畦面铺麦秆或茅草供卷须缠绕固定瓜蔓，以防发生不定根。

（四）地膜覆盖栽培

地膜覆盖是用0.008～0.02毫米的超薄薄膜，在瓜畦或瓜行紧贴地面，全生育期覆盖的栽培方式。膜的种类除透明膜外，还有不同功能和效应的黑色膜、银灰膜、黑白双色膜等。

1. 地面覆盖的意义

（1）提高地温　光波辐射于地面，光能转化为热能被土壤吸收传导和贮存，使土壤温度升高，地膜覆盖后阻碍了热量的散失，同时阻止了水分蒸发而造成的热量损耗，增加了夜间膜下水气凝结而放出的潜能，从而起到保温增温的作用。通过观察和测定，在长沙地区以地面下5厘米处增温效果最显著，日平均增温4℃左右时，午后14～16时可比膜外高7℃～8℃，早晚比膜外高1℃左右。气温较低的早春增温效应好，入夏以后大气温度升高，地膜的增温效应就不明显了。畦面全盖比只盖瓜行的温度为高，定植孔膜口用土封严不漏气的比未封严的地温可增高1℃左右。

（2）保持土壤水分　地面盖膜后，蒸发的水分受薄膜阻挡，凝结成水滴又渗回土壤，保持土壤湿润，且土壤含水量变化小。

（3）改善土壤物理性状　地膜覆盖后，土壤容重减轻，空隙度增加，含水量提高。在土壤三相分布百分率中，固相下降，液相、气相提高，从而使土壤结构得到改良。另外，在多雨的气候条件下，地膜遮挡雨滴对土壤的冲击，避免土壤板结，雨水顺膜面流出瓜畦或瓜行，避免根群受渍。

温室或塑料大棚栽培西瓜地面盖膜，可明显降低棚内空气湿度，对性喜干燥的西瓜正常生育是极为有利的。

（4）促进早熟　地膜覆盖，由于改善了土壤环境条件，从而能促进植株生长，直播的可提早出苗，移栽的可缩短缓苗期，生育期相应提前，达到早熟的目的。地膜覆盖的西瓜较不覆盖的一般可提早成熟 10 天左右，产量提高 20% 左右，尤以早期产量增加更为显著。

（5）减少虫害　黄守瓜成虫一般不在膜上产卵，因此盖膜可减轻黄守瓜幼虫危害。银灰膜对有翅蚜有一定的驱避作用。

2. 盖膜方法及用量

西瓜地面盖膜，直播栽培者，先播种后盖膜，出苗时及时破膜使幼苗从洞口伸出。育苗移栽者，先盖膜后打孔栽苗。地膜的用量，根据膜的厚度、全面覆盖或局部覆盖而定。采用厚度为 0. 015 毫米的超薄线性膜，只盖瓜路，宽度 1 米，地面覆盖率约 50%，每 667 平方米用量约2千克。

3. 地膜覆盖栽培要点

地膜覆盖栽培，在常规栽培的基础上须注意下列各点：

（1）地面盖膜以后不便施用追肥，应将苗期追肥，如提苗肥、伸蔓肥，合并为基肥施下。坐果以后可破膜追肥。

（2）地面盖膜，膜下地面温度和湿度均较高，西瓜根群有上浮的现象。为诱导根群下扎，避免后期膜下温度过高，根群受损而早衰，基肥不可施于地表，但也不可施得太深，以10厘米深度为宜。

（3）如果地面凹凸不平，膜面有积水，藤叶或果实泡在水里，易造成烂藤和烂果。地面盖膜，整地要平，不论全畦覆盖或瓜路覆盖，均应做成龟背形屋脊式，使雨水能顺膜流出。

（4）保护薄膜避免擦破，薄膜虽有一定拉力，但遇到突出地面的泥团或棱形土块，容易擦破造成洞口，降低保温效能，因此整地时不仅要求地面要整平，而且不能有大泥块突出地面。

（5）薄膜轻，张力大，极易被风吹拂，要随盖随压，并要压实，瓜苗伸出的膜口也应压实，既避免风吹鼓动，拍打伤苗，又可保持膜内温度和减少水分蒸发。

（6）先播种后盖膜者，遇瓜苗顶土应及时破膜，在晴天高温下尤应注意，以免膜下高温烧死幼苗并避免造成高脚苗。

（7）膜下高温高湿有利杂草的生长，盖膜前即使未见到杂草也要轻刨一次，铲死正在萌发的杂草，或喷布除草剂后再盖膜。

西瓜生长中期，如果膜下杂草丛生，甚至将地膜拱起，可在膜上压土，直至杂草黄化枯死。

（8）薄膜光滑，西瓜卷须无附着点，若遇强风，藤叶受风害更为严重，因此，地膜栽培压蔓工作尤应细致和周到。伸蔓时在膜面铺少许茅草，供卷须缠绕，再将泥团压住茅草。

（五）塑料薄膜小拱棚覆盖栽培

塑料薄膜小拱棚覆盖栽培，是在西瓜生长前期按瓜路插棚盖膜，植株坐果后撤膜去棚的简易设施栽培。

塑料薄膜小拱棚覆盖栽培，在我国北方西瓜生长前期，晴天多、温度低、日照时间较长的情况下，保温防寒保湿效果极佳，是获得西瓜早熟的有效措施。

1. 架设方法

棚架规格依撤膜迟早而定，伸蔓后即撤棚的，跨度为60～70厘米，高40厘米左右；坐果后撤棚的，跨度为90～100厘米，高50厘米左右。棚的长度则依畦长而定。跨度为70厘米的拱棚，薄膜幅宽为1.5米左右。跨度为

100厘米的拱棚，薄膜幅宽应为2米左右。总之棚架两边的薄膜必须有一定的宽度压入土中，确保不被风掀动吹拂。

瓜苗在棚内一般呈一字形排列，其位置或栽于棚的中央，或偏于棚的一侧。

大苗定植是塑料小拱棚覆盖栽培的配套措施，集中育苗，以节约成本。为培育大苗，播种期提早于3月上旬，定植期为4月上旬。

由于播种早，温度低，瓜苗生长缓慢，节间短，徒长现象极少，故可适当密植，每667平方米可增加到700～800株。

2. 薄膜小拱棚管理要点

（1）温度管理　小拱棚内的温度完全依靠盖膜、揭膜进行调节。晴天白天以25℃～30℃为宜，当棚内温度升到30℃以上时打开通风口，温度降至20℃时就应关闭通风口。晴天夜间温度以18℃～20℃为宜。寒潮和大风时在棚膜上加盖草帘等防寒保温。

另一种通风降温的办法是在覆盖的薄膜上打孔透气，视露地温度稳定升高的情况，增加薄膜的孔洞数。孔洞应打在拱棚的最高点，以免注入雨水。

（2）植株管理　小拱棚栽培，应选用早熟品种，采用单蔓或双蔓整枝，瓜蔓朝棚长斜向引伸，减少生长点与棚膜接触。

（六）大棚栽培技术

大棚是在小拱棚双膜覆盖基础上发展起来的一种西瓜设施栽培。由于棚体大，空间增大，其保温和采光性能更为优越，并能进一步提高西瓜的早熟性以及进行延期反季节栽培，经济效益可观。因此，大棚将是今后西瓜栽培的重要设施，尤其是对生育期短、品质佳的小果形西瓜的栽培更具特别的意义，所以湖南的西瓜大棚栽培多选择小果形品种，一年种两茬或三茬，即春季早熟栽培与夏秋晚熟栽培。

1. **大棚的结构与性能**　除少数研究单位用投资较大、结构强度高、防腐性能好、透光性好的装配式钢架大棚外，农村多采用简易钢管大棚或竹木结构大棚。

（1）简易钢管大棚：骨架用镀锌钢管，跨度一般为6米，长30米，高2米，南北向，可多次使用，但每年冬季闲置时要保养除锈，涂防锈漆，以延长使用寿命。

（2）竹木结构大棚：是用毛竹做架，跨度4.5～6米，高1.8米左右，长20～30米，一般可使用两年。南方产竹区，就地取材，可节约成本。

大棚的设置应选择地势较高、排水方便的地段。按棚长南北向排列，棚内温度和光照均比较均匀。同时在棚的四周要开深沟，避免降雨量大时排水不畅向棚内渗水。

大棚具有良好的采光、增温、保墒效应，春季栽培能避风防雨，为西瓜生长创造一个适宜的环境。据有关资料介绍：春季阴雨天棚内气温可比露地高出1.5℃～2.5℃，晴天则可高10℃～20℃，棚内土壤温度亦可比外面高2℃～5℃；夏秋栽培在气温高、日照强度大的情况下可揭开棚膜，加盖遮阳网，除去裙膜，换上防虫网，使棚内与外界隔离，能产生良好的防虫防病效果。

2. 栽培季节及栽培技术

（1）春季早熟栽培

①播种育苗　西瓜的露地栽培多为4月中下旬定植或直播，7月采收上市。大棚栽培可提早于3月中旬播种育苗，4月初定植，苗龄20余天，6月上中旬采收上市，较露地栽培提前20～30天。

湖南早春气温低，苗床设在大棚内，营养钵育苗。催芽、播种、浇水后，平盖一层地膜，插棚架盖农膜保温，即大棚内设小拱棚，称三膜覆盖。播种后只要能遇上几个晴天，棚内温度容易升高，4～5天即可顶土出苗，应随时检查，幼苗拱土立即撤去平盖的地膜，随着气温的升高，撤除小拱棚，20余天后幼苗两叶一心或三叶一心时定植。

②栽植密度　4.5米跨度的塑料棚作两畦，除两畦之间留人行通道外，四周也要留出人行道，以便管理操作。6米跨度的棚可作3～4畦，栽植距离按667平方米1000～1200株左右计算，每畦栽两行，株距约为

0.6～0.7米。

③基肥的施用　小西瓜生育期较短，基肥用量可参照前述“西瓜一般露地栽培技术”一节适当减少，施好基肥以后仍要覆盖地膜。

④整枝搭架引蔓　瓜苗将要倒蔓或已经倒蔓时便要搭架绑蔓、引蔓，通常搭人字架或篱壁架。不论搭什么形式的架均要在立杆上绑2～3根横杆，便于固定立杆以及吊瓜。也可在畦面插竹杆或拉铅丝作固定点，利用棚顶横梁上下牵塑料绳供植株攀缘，瓜蔓绑在塑料绳上，以后每隔4～5节绑蔓1次。

大棚栽培，搭架或拉绳引蔓，可充分利用阳光，而且通风透气良好，能减少病虫害，果实着色均匀，外表美观，同时还可以适当密植。667平方米栽植1000～1200株的用双蔓式整枝法，密度小的可用双蔓式，也可用三蔓式。每株留瓜两个。整枝后及时绑蔓固定，引蔓上爬。

⑤温度与湿度的管理　定植后5～7天，要提高地温以促进缓苗，为此要闭大棚，白天保持棚内温度25℃～30℃，夜晚不低于15℃。以后随着幼苗的生长，晴天棚内温度升高，应逐步通风，白天不能高于30℃。至生长中后期，随着棚内气温的进一步升高，也应逐步加大通气量，通常将裙膜适当揭开，并视天气情况增加或减少打开的时间和打开的幅度，夜晚亦不关闭通风口，以增大昼夜温差。增加通风透气度，还可降低棚内湿度，减少病害。大棚内湿度较大，植株生长前期以宁干勿湿为原则，

土不见干不浇水，以利根系向土壤深层发展。开花期气温升高，叶片蒸腾旺盛，应浇一次透水，以利开花坐果。定果后果实膨大期结合追施肥料浇水。果实定型进入糖分积累期应适当控水。

⑥人工辅助授粉　大棚栽培，棚内昆虫很少，西瓜开花时必须依赖人工辅助授粉才能按时坐果。如果天气晴朗，棚内温度较高，西瓜花瓣张开较早，人工授粉应在上午7~8时开始，若天气阴雨，棚内温度亦相对较低，西瓜花朵开放的时间也会晚一些，因此应根据西瓜开花的时间及时采集雄花进行人工辅助授粉。

⑦追肥　小西瓜在施足基肥、植株生长健壮的情况下，果实膨大前一般可不追肥，但在第一批果坐稳后，果实很快进入膨瓜期，应追施腐熟稀薄人禽肥，也可适当配以硫酸钾及尿素。当果实发育进入变瓤期后，追肥则要慎重，既要保证第二瓜有足够的养分，又不能水肥过量引起裂果，因此这一时期只要植株不出现缺水缺肥象征，一般不再追肥，待第一瓜采收后立即追肥，促使第二瓜迅速膨大成熟。

⑧吊瓜　西瓜搭架栽培，果实悬在空中，瓜蔓脆嫩，难以负重，当果实生长至0.5~1千克左右时应用网袋或纤维绳将瓜吊至支架上，但网袋的空间必须大于果实，以免限制了果实的发育。

⑨采收　小西瓜生长发育期较大型西瓜短，所需积温750℃~800℃，春季早熟栽培虽有大棚保温，由于外界气

温低，第一批果实自开花至成熟仍需 30 ~ 35 天，第二批果实则只需 22 ~ 25 天。小西瓜的春季大棚栽培目的是要突出一个早字，因此采收包装后应尽快送到消费者手中，且必须保证质量，采摘 9 成熟或 9 成半成熟度的果实，才能充分表达果实美观、皮薄、味甜、汁多的优点。

（2）夏秋栽培

利用大棚进行西瓜夏秋栽培，可分两个时段，一是 6 月 ~9 月，二是 8 月 ~11 月。

①育苗及土壤准备

春季栽培尚未罢园时西瓜即要在露地播种育苗，6 月中下旬气温已升至 30℃ 左右，浸种以后，拌少量细沙或黄泥，用湿润毛巾包裹置室湿下催芽，如毛巾变干，应及时湿润，36 ~ 48 小时开始发芽，将已发芽的种子播于营养钵，浇透水后，用塑料薄膜覆盖钵面保湿，并加盖稻草或遮阳网降温。

出苗后应及时揭去遮阳覆盖物，防止产生高脚苗。异常气候下，如遇天雨，仍须盖膜防雨，但要注意棚内通风，雨停即揭。在强光干旱情况下于上午 10 时至下午 5 时前后盖遮阳物降温保湿，保证幼苗既能接受较多的散射光，又不至因阳光过于强烈而影响幼苗的生长。夏季气温高，空气干燥，营养钵容易失水，浇水宜在上午进行，一次浇透，移栽前 2 ~ 3 天，只要幼苗不十分缺水，应停止浇水。夏季育苗，虫害较重，应及时喷药杀灭蚜虫、蓟马、斜纹夜蛾等害虫，也要注意防治猝倒病和病毒病。并警惕鼠害和蚁害。

春季种过西瓜的大棚，应对土壤进行消毒处理，方法是西瓜罢园后，清理干净残枝败叶，在晴天灌水并盖膜进行高温封棚，棚内温度要求达到70℃闷棚，杀灭虫卵病菌，封棚一星期左右，揭开棚膜通气并使土壤干燥，然后整地作畦。

②施肥及管理要点

秋季栽培气温及土温均比较高，有机肥分解较快，基肥施用量可较春季略少，最好以有机肥为主，如菜枯、腐熟厩肥等，也可掺入复合化肥。

栽植密度667平方米1200～1300株，较春季可以适当增加株数。

夏秋栽培生长前期气温高，棚膜应尽量打开，并去掉裙膜代以防虫网，大棚顶膜上面可覆盖遮阳网，特别是中午太阳光强烈时，但早晚应揭去遮阳网，以增加光照时数。如作晚熟栽培，计划10月下旬或11月采收果实上市的，在白露秋分节气以后，气温逐渐下降，大棚又要逐渐封闭，装上裙膜，以提高棚内温度。其他措施与春季栽培大同小异。

利用大棚栽培西瓜，往往一棚多年使用，为预防枯萎病的发生，在连续种植了几茬西瓜以后应进行嫁接栽培，其次在夏季高温闭膜闷棚期间还可辅以药剂消毒，如在土壤上撒一层五氯硝基苯、多菌灵、敌克松等，翻耕后再闭膜。

五　西瓜良繁和制种

西瓜为雌雄异花、昆虫传粉的异花授粉作物，品种间极易自由传粉杂交。一个优良的品种如果不严格掌握繁殖技术，栽培一段时间后常出现种性退化，产量下降，品质变劣，因此，为了保持西瓜品种种性，必须掌握科学的繁殖技术。

（一）常规品种繁殖

1. **隔离保纯**　留种的瓜田，不同品种必须隔离，防止品种间相互传粉混杂。少量采种可用人工套袋法，开花季节，先一天下午将同株或同品种次日开放的雌雄花分别套上纸袋，清晨摘取套有纸袋的雄花，将花粉轻轻地涂到套有纸袋的雌花柱头上，授粉后雌花继续套上纸袋，并在果柄或所在叶节的瓜蔓上系上标记，3～5 天后去袋，果实成熟后按标记采瓜取种。

若采种数量较大，则用空间隔离法或时间隔离法。

空间隔离一个繁殖区只安排一个品种，并与其他品种相距1千米以上，如有树林、山丘、房屋等屏障物，隔离距离可以小一些，但不能少于300米。

时间隔离是将要保纯繁殖的品种提前或延迟播种，即错开花期，在该品种雌花坐果期内见不到其他西瓜品种的雄花，惟有本品种的雄花授粉。或者将要繁殖的品种分年播种，每年繁殖一个，也就是繁殖一次供2～3年使用，这种保纯繁殖法，最适于杂交一代品种亲本种子的繁殖，但当年仍须空间隔离。

2. **去杂去劣** 在采种或播种过程中不免发生机械混杂，播种前应精选一次，剔除不符合品种特征的种子。生长期间，如发现株形、叶形奇异，与本品种特征不符的杂株，应及时拔除，并要求在雌花开花前完成。杂劣植株如未剔除，不仅造成群体混杂，其花粉传到良种植株的雌花上，还将造成生物学混杂，引起种性变劣、退化。

3. **提纯复壮** 从良种繁殖田中采取种瓜，应按品种特征特性如果形、皮色、果皮厚度、瓤色、种子形态和颜色等，分别为原种和生产用种，原种供继续繁殖，次于原种的则作生产用种，必要时进行单株自交，以确保原种的纯度。

单位面积采种量的多少、种子质量的好坏与栽培技术、留瓜部位有密切关系。为提高单位面积采种量，可适当密植，增加单位面积坐果数，开花时进行人工辅助授粉，适当增施磷肥均可提高种子产量和质量。坐果节位过低的果实，单瓜种子数较少，中后期的果实单瓜种子数较多，故早期坐果的“根瓜”应及时摘除，使结第二瓜，提高采种量。

（二）杂交一代制种

西瓜的一代杂种，与其他农作物杂交种一样，具有明显的杂种优势，抗性强，产量高，果实整齐，品质好。杂交一代种子的生产与常规品种的种子生产不同，先繁殖亲本，在人工控制下杂交制种。两性花品种、即雌雄同花品种不宜作杂交组合的母本。

1. 亲本繁殖

按品种保纯方法生产母本和父本种子。杂交一代优势的强弱，除了组合的优劣以外，便是制种亲本的纯度，制种用的亲本种子纯度越高，杂种一代的优势就越强，纯度低的亲本制出的种子优势弱，有时还出现负值。为了保持亲本的纯度，杂交组合确定以后，应一次性较大量地繁殖一批亲本种子，繁殖一次，供2～3年制种之需。这样既可避免年年繁殖由于隔离条件达不到要求出现生物学混杂以及操作过程中的机械混杂，并可避免自交代数过多导致遗传性贫乏。

2. 杂交制种

（1）人工套袋授粉　少量制种可采用此法。母本品种雌花开花期，采摘父本品种的雄花给母本品种授粉，并作标记，果实成熟后采瓜取子。套袋、授粉方法与自交保纯套袋授粉相同。

（2）分区隔离人工去雄制种　一个制种区只种一个组合的母本和父本品种，母本和父本的比例一般为4:1，即种4株或4行母本间种1株或1行父本。母本植株的雄花蕾彻底清除，使其雌花必须接受父本品种的花粉坐果，采收的种子即为该组合的杂交种子。

上述种植比例，父本占20%，虽然父本品种必须保留，但无须大量繁殖。为减少父本植株的比重，采用人工授粉制种，父母本植株的比例为1:15～1:20，父本提早播种，稀植不整枝，使多生雄花。母本雄蕾及时清除，并做到蔓蔓到顶，节节不漏，雌花开放，取父本雄花人工授粉。

3. 种子杂交率鉴定

杂交一代种子杂交率的高低对种子质量至关重要。杂交率高，一般也称纯度高，种子质量好，杂交率低则质量差。因此鉴定种子杂交率是制种过程中的重要内容。当前对西瓜杂交一代种子杂交率的鉴定，大都采用实生鉴定法，鉴定内容主要为果实形状。如配组时母本用圆形果，父本用长形果，杂交一代为长圆形果。西瓜果实形状与子房形状一致，长形果的子房亦为细长形，鉴定时，根据雌蕾形态即可确定杂交率。

另一种方法是叶型鉴定，母本选用全缘叶隐性性状，父本选用缺裂叶显性性状，杂交一代表现型为缺裂叶。播种该组合杂交一代种子，出现全缘叶瓜苗即认定为假杂种，是母本品种自交苗，缺裂型叶片的瓜苗为真杂种。以子房形态为鉴定内容，须至现蕾才能判断杂交率，以叶型为鉴定内容，第二、第三片真叶开展即可判断杂交率。

（三）三倍体无籽西瓜种子生产

三倍体无籽西瓜种子是以四倍体西瓜为母本，二倍体西瓜为父本杂交获得。四倍体西瓜可以自交遗传繁殖，只要保存四倍体西瓜，并陆续用二倍体西瓜与之杂交，可不断地获得无籽西瓜种子。

1. 母本四倍体保纯繁殖

四倍体品种如果全部由二倍体品种杂交形成三倍体种子，则该四倍体品种也就结束了。因此，四倍体西瓜品种必须保纯繁殖。保纯的方法与普通西瓜品种保纯相同，或用空间隔离法，或用人工套袋自交法，并注意选优留种，以防种性退化。

四倍体西瓜的栽培技术与二倍体普通西瓜基本相同，但四倍体西瓜有下列特性，需要采取相应的技术措施。

（1）四倍体西瓜苗期生长较缓慢，宜采用温床育苗，促进瓜苗生长，提高成苗率。

（2）四倍体西瓜茎蔓粗壮，节间短，分枝力弱，应适当密植，每667平方米可栽800株左右。

（3）四倍体西瓜耐肥性较强，在多肥的情况下生长良好，坐果率高，果实发育好而整齐，施肥量可比二倍体西瓜增加两三成。

（4）四倍体西瓜抗炭疽病性能较强，但高温干旱时，病毒病的发生较二倍体西瓜严重，应加强后期肥水管理，及时防治蚜虫，避免发病。

2. 三倍体种子生产

四倍体西瓜的雌花接受了二倍体西瓜的花粉产生三倍体种子。生产三倍体西瓜种子与生产二倍体杂交一代西瓜种子的方法相同，制种量大采用自然隔离区人工去雄杂交，量小人工授粉套袋采种。

四倍体西瓜繁殖系数低，不论自交保留原种或与二倍体西瓜杂交生产三倍体种子，单瓜种子数一般为40粒左右，多的百余粒。采种率低是阻碍无籽西瓜发展的原因之一。据有关研究报道，西瓜单瓜种子数的多少与父本花粉生活力有很大关系，正常花粉生活力的高低，受授粉前后温、湿度的影响，温度在25℃～28℃范围内，相对湿度在80%～85%时授粉，花粉生活力最强，单瓜种子数也最多。因此，根据自然温、湿度确定西瓜开花坐果期，然后推算西瓜播种期，是提高单瓜内种子数的有效措施。在湖南的气候条件下，6月上、中旬西瓜开花授粉单瓜种子数较多。以此推算，四倍体西瓜4月上、中旬温床播种育苗最为适宜。

三倍体西瓜种子种胚不充实，生活力较弱，因此，尤应注意种瓜的成熟度。充分成熟的种瓜，种子发芽率较高。种子从种瓜取出，应随即清洗晾晒，不要进行酸化处理（瓜瓤与种子一起沤泡发酵）。试验证明，不酸化的种子发芽率较高，酸化处理的种子发芽率下降。

如采用自然隔离区人工去雄杂交生产三倍体西瓜种子，四倍体西瓜植株上的雄花必须彻底摘除，若雄花清除不彻底，采收的种子将是四倍体和三倍体的混杂种子。如果发生上述现象，应进行人工选种。四倍体种子饱满充实，表皮较光滑，三倍体种子表面凹陷不充实，种脐部珠眼大，种壳常有裂纹。根据这些特征进行分辨，有较好的可靠性。

六 西瓜主要病虫害及其防治

（一）主要病害及其防治

1. 幼苗猝倒病

猝倒病是西瓜苗期主要病害，发病的瓜苗近地面茎部呈水浸状病斑，接着病部变成黄褐色而干枯缢缩，子叶尚未凋萎，幼苗即猝倒。病害发展很快，有时幼苗外观与健苗无异，但近地面处缢缩倒伏。也有幼苗尚未出土，胚茎和子叶已腐败、变褐死亡。苗床内发病，中心病株明显，开始只见个别苗发病，几天后以此为中心蔓延到邻近瓜苗，引起成片猝倒。在高温高湿时，病株残体表面及其附近土壤上可长出一层白色棉絮状菌丝。

猝倒病是由一种藻状菌侵害引起，病菌腐生性很强，可在土壤中营腐生活达 2～3 年，以富含有机质的土壤存在较多。土壤温度低，湿度大，有利于病菌的生长与繁殖，在光照不足、苗床湿度大的条件下最易发病。土壤温度在 10℃～15℃时病菌繁殖最快，30℃以上则受到抑制。

地温 10℃时不利于西瓜幼苗的生长，而病菌尚能活动，故早春育苗往往在地温低，湿度大，通风不良的环境下，猝倒病发病严重。

防治方法：

（1）严格选择床土：床土带菌多，秧苗感病机会也多，因此，床土应选用无病新土，以河泥、塘泥最好，或用多年未种过瓜类、蔬菜作物的土壤。

（2）加强苗床管理，培育壮苗：选择地势较高，地下水位低、排水良好的地方作苗床，既要注意苗床的保温防寒，同时也要注意苗床的通风换气，降低床内湿度，合理浇水，做到既不缺水又不过湿，配制培养土的肥料须经充分腐熟，合理掌握播种密度，避免幼苗拥挤，培育壮苗，提高抗病力。

（3）药剂防治：喷撒 50% 多菌灵可湿性粉剂 1000 倍液，或 75% 百菌清可湿性粉剂 700～800 倍液。

2. 西瓜枯萎病

西瓜枯萎病又称萎蔫病、蔓割病，是西瓜主要病害之一。西瓜栽培历史较久的老产区尤为常见。自幼苗至果实采收均能发病，以结瓜期发病较多。开始发病时植株白天萎凋，早晚恢复，经 4～5 天后枯死。多数是全株死亡，也有一蔓或二蔓枯萎，其余蔓正常。发病植株蔓的基部皮层常纵裂，并有胶质物溢出。病株的根和茎的维管束受病菌分泌的毒质为害呈褐色，这是本病的主要特征。

西瓜枯萎病是由一种属半知菌类的尖孢镰刀菌西瓜专化型病原菌侵害所致。病菌以菌丝体、厚垣孢子和菌核在土壤中越冬，并可存活5~6年。病菌通过家畜的消化道仍可保持生活力，因此，厩肥也能带菌。病菌主要自根部的伤口或根毛顶端侵入。病菌侵染适温为24℃~32℃，高温有利孢子的萌发，同时潜育期短，久雨后接着高温干旱或久晴后连日阴雨发病严重；偏施氮肥植株徒长，有利发病，酸性土壤不利西瓜生长而有利于病菌活动，在pH值4.5~6的土壤中发病多，西瓜连作而又缺乏防治的瓜田，土壤中病菌积累，病情逐年加重。

防治方法：

（1）轮作并注意清洁田园：轮作可减轻或避免发病，轮作周期旱土为7~8年，水田为3~4年。发现病株及时拔除烧毁；并对病株穴灌注石灰乳或50%代森铵400倍液消毒，西瓜收获后田间藤叶集中处理或烧毁。

（2）种子消毒：为预防种子带菌，播种前用50%多菌灵可湿性粉剂500倍液浸种1小时。或用温汤浸种杀菌，方法是将种子用两开一凉的热水（水温55℃~60℃）浸15分钟，再用清水浸3~4小时，然后催芽。

（3）合理施肥：注意氮磷钾三要素的合理配合，勿偏施氮肥。厩肥、枯饼、人畜粪尿须先发酵再施用，以免根群接触未发酵的肥料造成损伤，导致病菌入侵。酸性土壤每667平方米施用石灰100~200千克，施用期以瓜苗进入团棵期为宜。

城市垃圾、以西瓜藤叶做饲料的牲畜粪便或厩肥均不可收积作西瓜肥料。

育苗移栽，温床床土或装钵的培养土不要用菜园土，应选取塘泥、河泥或不带枯萎病菌的土壤，避免从苗床将病害带至本田。

（4）嫁接防病：西瓜枯萎病系土壤传染的病害，病菌从西瓜根部侵入，但西瓜专化型病菌不侵染葫芦科的其他瓜类，因此，选用抗西瓜枯萎病的瓜类如瓠子、葫芦、南瓜等为砧木，西瓜为接穗进行嫁接栽培，防病可靠，效果好。

（5）药剂防治：发病初期在植株周围浇灌 50% 多菌灵可湿性粉剂 1000 倍液，或 70% 甲基托布津可湿性粉剂 800～1000 倍液，有一定的抑制病情发展的作用。

3. **瓜类炭疽病**

西瓜炭疽病是西瓜主要病害之一。本病除在生长季节发生外，收获后储藏运输中也能造成严重损失。

西瓜炭疽病通常在西瓜生长的中后期盛发。叶片发病初期现纺锤形或圆形斑点或斑痕，呈水浸状，迅速干枯成黑色，外围有一紫黑色晕圈，常出现同心轮纹，病斑继续扩大相互连接，干燥易破碎，全叶枯死。茎蔓和叶柄发病，病斑长圆形，稍凹陷，先是水浸状黄褐色，后为黑色，往往整个叶柄或茎均布满病斑，全叶或全蔓枯死。果实发病，先出现暗绿色油浸状小斑点，扩大后成圆形或椭圆形暗褐色乃至黑色，病斑凹陷，呈现星状龟裂，天气潮湿时，中部产生粉红色黏质物，严重时病斑连片，以致腐烂，幼果被害，往往成畸形。

炭疽病是由一种半知菌侵害引起。病菌以菌丝体、拟菌核或分生孢子随病残体在土中越冬，也可附着在种子表面越冬，借风雨或昆虫传播。

湿度是发病的主要因素，相对湿度在90%以上，温度在24℃左右时发病最烈。偏施氮肥，藤叶徒长，排水不良，通风不佳，均有利发病。

果实在储藏运输中发病，果皮上的病菌自田间带来，在刚下过雨后收获的果实又储放于潮湿或通风不良的地方，发病更甚。

防治方法：

（1）加强田间管理：深沟高畦，搞好田间排水，不偏施氮肥，增施磷钾肥，避免植株徒长，及时整枝，避免藤叶拥挤，使畦面通风透光；及时清除病蔓病叶，烧毁或深埋，实行与非瓜类作物轮作，不用西瓜藤叶或瓜皮残果作肥料。

（2）药剂防治：发现病株及时摘除病叶，并喷射80%代森锌可湿性粉剂800倍液，或50%多菌灵可湿性粉剂1000倍液，或70%甲基托布津可湿性粉剂1000倍液或1:2:200石灰倍量式波尔多液，每隔7天左右喷一次，连续喷3～4次，做到雨停即喷，再下雨再喷。

（3）需要储藏或运输的果实，不在雨后采摘，储运的场所注意通风减湿。

（4）种子消毒：参见枯萎病。

4. 瓜类蔓枯病

西瓜蔓枯病又叫黑腐病、斑点病。瓜类作物的叶、蔓及果实均能受害，叶部受害最重，叶片上生直径 1 ~ 2 厘米黑褐色圆形或不正圆形同心轮纹病斑，一般发生在叶缘上，形成弧形，老的病斑出现黑点为其特征，病叶干枯往往呈星状破裂，连续降雨时病斑遍及全叶，变黑枯死。蔓上主要在节的附近容易发病，病斑椭圆形，灰褐色，密生小黑点而凹陷。果实上初生水浸状病斑，逐渐变褐色呈现星状开裂干腐。

本病症状与炭疽病相似，两者主要区别是本病病斑表面没有粉红色黏质物而有小黑点。

蔓枯病是由一种子囊菌侵害引起。病菌以分生孢子及子囊壳随病残体在土壤中越冬，由风雨传播，种子也能带菌。病菌发育适温为 20℃ ~ 30℃，最高温度 35℃，最低温度 5℃，高温多湿、通风不良的情况下，发病严重。病菌多从整枝摘心及其他伤口侵入，发病较枯萎病晚，萎凋不及枯萎病那样快。

防治方法：

（1）为植株创造干燥、通风的环境条件，选择向阳，排水良好的地方种瓜，及时整枝，使畦面通风透光，发现病株及时剪除被害蔓叶烧毁或深埋。

（2）药剂防治：伸蔓期开始喷50%多菌灵可湿性粉剂1000倍液，或80%代森锌可湿性粉剂800倍液，每隔7天左右喷一次，连续喷2~3次。降雨是本病发病的主要诱因，故尤应注意雨后喷药。

5. 瓜类白粉病

瓜类白粉病是一种分布广泛的病害。主要危害南瓜、黄瓜、甜瓜和丝瓜，湖南露地西瓜较少发生，但大棚或温室栽培则发生较多。

此病主要侵害叶片，叶柄、茎蔓也常受害，果实受害较少。发病初期，叶片上产生粉状小霉点，逐渐扩大成较大的白色粉霉斑，以后蔓延到叶柄和茎蔓，严重时整个植株被白色粉状霉层所覆盖，叶片发黄变褐，质地变脆。

白粉病是由一种子囊菌侵染所致。病菌在病株残体上或温室作物及杂草上越冬，越冬后的病菌借气流传播，受害作物上的孢子通过风雨再传播。白粉病病菌对湿度要求不严格，其分生孢子在相对湿度25%~100%的条件下都可萌发，温度16℃~24℃时发病最盛。温室、塑料大棚内湿度大、空气不流通，白粉病较露地发病早且严重。偏施氮肥、植株徒长、藤叶过密、通风不良、光照不足均有利白粉病的发生。

白粉菌是专性寄生菌，只能在活的寄主体内吸取营养，病菌菌丝体在寄主组织表面生长繁殖，形成吸器直接穿入寄主的表皮细胞中，吸取寄主细胞的营养和水分。因此，病叶上一般不出现坏死斑，仅呈枯黄色，当被害植株的大量营养被病菌夺取后，就出现叶片枯焦。

防治方法：

（1）加强栽培管理、合理施肥，不偏施氮肥；及时整枝，保持植株通风透光良好，提高植株的抗病力。

（2）药剂防治：常用药剂有15%粉锈宁可湿性粉剂1000～1500倍液；70%甲基托布津可湿性粉剂1000倍液；50%硫磺悬乳剂200～400倍液；75%百菌清可湿性粉剂500～800倍液。

6. 瓜类叶枯病

瓜类叶枯病又称褐斑病、褐点病，危害多种葫芦科植物，常引起叶片大量过早枯焦，致使果实产量降低、品质变劣。

该病多发生在作物生长的中、后期，主要危害叶片，也侵害叶柄、茎蔓及果实。叶片上发病，初生黄褐色小点，后逐渐扩大，边缘隆起呈水渍状，病部与未染病部位界限明显。在高温高湿条件下，叶面病斑较大，轮纹较明显，几个病斑汇合成大斑，致使叶片干枯。瓜蔓受害，蔓上产生褐色卵形或纺缍形小斑，其后病斑逐渐扩大并凹陷，呈灰褐色，植株生命力降低，在高温和风害的影响下，叶片很快枯焦，使果实直接暴露在阳光下，受日灼危害。果实受害，初见水渍状小斑，后变褐色，略凹陷，湿度较大时在病斑上出现黑色轮纹状霉层，严重时果实龟裂而腐烂。

瓜类叶枯病是由一种半知菌侵害引起。病原菌以菌丝体及分生孢子在种子、土壤中植物的残存体越冬。高温、高湿有利于病害侵染，分生孢子在5℃～40℃范围均可萌发，菌丝体在5℃～45℃时都可生长，以25℃～32℃的条件下萌发生长最快。此病多发生在坐瓜后及果实膨大期，如遇连绵阴雨或高温高湿天气则会导致病害大流行。一般重茬地、土壤黏重、低洼积水、管理粗放、通风透光性差的瓜地利于发病。

防治方法：

（1）合理轮作，不连作，选择排水良好的地段种植，瓜田尽早翻耕晒土。加强田间排水，坐瓜后严禁大水漫灌。

（2）种子消毒：温汤浸种，用55℃～60℃温水浸种15分种，或用50%多菌灵可湿性粉剂500倍液浸种1～2小时，立即用清水洗净催芽。

（3）药剂防治：用70%代森锌可湿性粉剂600倍液；50%退菌特600倍液；1:1:200～300倍波尔多液交替喷射或任选其中一种每隔一星期左右喷射一次。

7. 瓜类疫病

瓜类疫病侵害幼苗、叶、蔓和果实。幼苗发病，先是子叶呈圆形水浸状暗绿色病斑，后逐渐变红褐色。茎基部发病，病斑部显著缢缩直至倒伏枯死。被害叶片先是暗绿色水浸状病斑迅速扩大，湿度大时软腐似水烫，干时呈淡褐色易破碎。茎蔓部受侵染，病斑暗绿色水浸状缢缩，潮湿时腐烂，干燥时呈灰褐色干枯，患部以上枯死。被害果实初生暗绿色水浸状圆形病斑，潮湿时迅速扩大，病部凹陷腐烂，果实表面密生绵毛状白色菌丝。

瓜类疫病由一种藻状菌侵害引起。病菌以菌丝体、卵孢子或厚垣孢子随病残体在土中越冬，借空气、水流和土壤传播，种子也能带菌。病菌发育最适温度为 25℃ ~ 30℃，最高温度 38℃；最低温度 8℃。病菌孢子发芽需要水分，在干燥状态下迅速死亡。多雨或瓜地潮湿、渍水，发病严重；气候干燥、雨水少，发病轻或不发病。病菌随飞溅的水滴附着于果实及茎叶是发病和蔓延的重要原因。

防治方法：

（1）加强田间排水，做到明水能排，暗水能滤。深沟高畦，雨季瓜田无渍水。

（2）畦面铺茅草，避免病菌随飞溅的水滴传到果实和茎叶上造成发病，这是预防本病极为有效的措施。铺盖物以麦秆、茅草、蕨类等为佳，稻草易腐烂，造成畦面潮湿，于西瓜生长不利。

（3）药剂防治，用 25% 瑞毒霉可湿性粉剂 600 倍液，或 75% 百菌清可湿性粉剂 600 倍液、80% 代森锌可湿性粉剂 800 倍液，每隔 7 天左右喷一次，雨后补喷。

（4）与非瓜类作物轮作。

8. 瓜类病毒病

西瓜病毒病又称花叶病。除为害西瓜、甜瓜外，还为害西葫芦、南瓜等其他瓜类作物。

发病初期在叶片上出现黄绿镶嵌花斑，病害进一步发展，叶片上到处可见浓绿与淡绿相间的镶嵌花斑，叶面凹凸不平，新长出的叶狭长，皱缩扭曲。新生的茎蔓纤细，节间缩短。花器发育不良，坐果困难。

西瓜病毒病主要由甜瓜花叶病毒和西瓜花叶病毒引起。带毒昆虫（特别是蚜虫）在多年生杂草上越冬，翌年传到瓜田发病。田间农事活动如整枝等也是传病的重要途径。高温强光有利此病的发生，缺肥及生长瘦弱的植株容易发病，干旱天气，蚜虫发生多，毒素病的发生也多。

防治方法；

（1）及时防治害虫，尤其是蚜虫。除农药防治外，使用银灰色地膜覆盖瓜畦有一定的防蚜效果。

（2）严防接触传染，整枝压蔓时发现病株不随意抚摸，待操作结束，对病株作专项处理，如深埋等。

9. 根结线虫病

根结线虫病发生于根部，以侧根及支根最易感染。受害根产生大小不等的瘤状物或根结。温床幼苗亦可发病。病重株地上部茎叶生长衰弱、矮化，叶色较淡，似缺水缺肥状，严重时不结瓜或少结瓜，根部形成瘤状物是本病的主要特征。

本病由根结线虫侵染所致，以幼虫或当年产的卵留在根结中越冬，翌年环境适宜时，越冬卵孵化，侵入根部为害。

以瓠子、葫芦做砧木的嫁接苗感病较多，本病不侵染南瓜，故以南瓜做砧木的不发病。

防治方法：

（1）温床育苗应选用不带本病的床土。

（2）实行轮作，西瓜与水稻轮作防治本病更为可靠。

（3）药物防治：克线丹、克线磷、米乐尔、呋喃丹等颗粒剂每667平方米0.5～1千克，用粉黄土或细沙拌匀撒施于行间或根际周围，也可在播种或移栽时施于植穴内。

（二）主要害虫及其防治

1. 黄守瓜

黄守瓜的成虫、幼虫均能为害西瓜。成虫是橙黄色小甲虫，体长约8毫米，雌虫比雄虫稍大。幼虫体细长，初为白色，老熟时呈黄白色，体长约12毫米，头部黑褐色，散生褐色刚毛，口器尖锐。

黄守瓜在湖南一般发生2代，成虫在草堆、土缝、瓦砾、树蔸等处群集越冬。成虫白天活动，清晨和黄昏栖息在叶背面，食叶时，常咬成圆形或半圆形缺刻，伤处渐变干枯，严重时可吃光全叶。有假死性，一遇惊动即滚落地面。晴天最活跃，气温24℃以上活动更甚，阴雨天行动迟钝或不活动。卵多产在瓜根附近的土中，幼虫孵出后，即在土中生活，先吃根毛，后吃支根、主根和茎的基部，成长后蛀入近地面的茎内为害，常引起瓜藤枯萎。幼虫可在土中迁移为害，有时还可蛀入地面瓜果内为害，引起果实腐烂。幼虫老熟时在土中3～10厘米深处作土室化蛹。

防治方法：

（1）90%结晶敌百虫2000倍液根部灌浇可杀死幼虫。

（2）在植株周围铺草、撒石灰粉或草本灰等防止成虫产卵，减少幼虫为害。

（3）麦地套种西瓜有一定的遮挡成虫飞迁的作用，减轻瓜苗受害。

2. 蚜虫

蚜虫有无翅蚜和有翅蚜两种。无翅蚜体色变化很大，常为黄绿色，有时为淡绿色或蓝黑色。有翅蚜略小于无翅蚜，一般为黄色，蚜虫为害多为点片初起，逐渐扩散到全园。成蚜和若蚜群集在叶背、嫩茎吸食汁液，使叶片蜷缩，生长缓慢，以致整株萎蔫死亡。蚜虫是传播病毒的主要媒介。

蚜虫繁殖能力强，发生代数多，往往形成暴发性为害，因此，在西瓜生长过程中须勤加检查，及时发现及时防治。

防治方法：

（1）清洁田园：播种前彻底清除四周杂草，以免杂草上的蚜虫迁入瓜田为害。

（2）药剂防治：用40%氧化乐果乳油1500倍液，80%敌敌畏乳油2000～3000倍液，2.5%溴氰菊酯乳油2000～3000倍液喷射叶片的正面和反面，务使虫体接触药液。

瓜地蚜虫，有一个由点到面的发生发展过程，即由少数蚜株扩展到全园，由单叶着蚜到全株发生。因此，如能对蚜害“中心株”或“中心叶片”早发现早防治，可获得事半功倍的效果。

（3）合理密植，及时整枝，避免植株拥挤，使畦面通风透光；旱季及时灌溉均可有效地减轻为害程度。

3. 种蝇

种蝇又叫根蛆。是杂食性害虫，除为害瓜类作物外，还为害豆类、玉米、棉花等。幼虫乳白略带淡黄色，体长约7毫米，幼虫从幼苗根颈部蛀入，顺着嫩茎向上蛀食，使幼苗倒伏死亡，幼苗死后又出来换株为害。亦可为害未出苗的种芽引起烂种。成虫为灰色或黄色小蝇，体长约5毫米，成虫喜欢取食腐败的有机质，并在上面产卵，故施用未腐熟的肥料容易发生根蛆。

防治方法：

（1）有机肥先经充分腐熟后施用，并盖土以免成虫产卵。

（2）药剂防治：播种时可用90%结晶敌百虫1000倍液喷布床面，或撒施1.5%乐果粉剂，2.5%敌百虫粉剂预防。

4. **小地老虎**

小地老虎，土名叫地蚕、土蚕。成虫是暗褐色的蛾子，体长20毫米左右，喜食蜜糖并有趋光性。幼虫黄褐色至黑褐色，老熟幼虫体长约40毫米，体宽约5毫米。刚孵化的幼虫先在嫩叶上啃食，以后食量增大，白天潜入表土，夜间四处活动。苗小时齐地面咬断嫩茎，造成缺苗。抽蔓以后咬断叶柄或瓜蔓顶端较幼嫩的部分。田间杂草多，地老虎也多，危害更严重。

防治方法：

（1）早春用糖醋液诱杀成虫：红糖1份，酒0.5份，醋2份，水10份加90%敌百虫0.1份混合均匀，将配好的药液装在瓦钵或碗内，傍晚放在田间1米高处诱杀成虫，大面积联合行动效果最好。

（2）毒饵诱杀幼虫：90%结晶敌百虫100克，菜叶或青草10千克，先将菜叶或青草切碎，用清水约1千克溶解敌百虫，随即洒在菜叶上，边洒边拌，使菜叶能均匀地沾到药液，傍晚将拌了药液的菜叶撒于瓜田，除瓜苗附近外，畦面和瓜田的四周均应撒布，诱杀效果良好，严重时隔5天左右再诱杀一次。上述为每667平方米一次用药量，如果虫情轻，用量可适当减少。

5. **红蜘蛛**

红蜘蛛的食性极杂，豆类、棉花、蔬菜、西瓜均遭为害。成虫和若虫在叶片背面吸食汁液，被害叶初呈褪绿色白斑，逐渐呈褐色蜷缩，似火烧状。成虫梨形，长0.4～0.6毫米，体色随季节和食料而变化，一般呈红色或锈红色，以成虫、若虫或卵等虫态在田间落叶、土缝或杂草上越冬，4月开始迁入田间为害，6月繁殖率加大，7～8月为害最烈。

红蜘蛛有向上爬行的习性，故植株受害多自下而上发展。当食料不足或单位虫口密度过大时，有群体迁移现象，常在叶端群集一团，结丝成球，被风吹送至他株，或吹落地面再向四周爬行扩散。

高温干燥是红蜘蛛发生为害的盛期，温度29℃～31℃，相对湿度35%～55%时为害最烈，相对湿度在70%以上不利其繁殖。

防治方法：

（1）药剂防治：用20%三氯杀螨醇乳油1000倍液或40%氧化乐果乳油1000倍液喷雾。与豆类、棉花相连的瓜田，红蜘蛛常自豆类、棉花植株上迁入为害，故瓜田的四周应重点施药防治。

（2）清除田间地头杂草和落叶，播种或定植前土壤深翻，可降低虫口基数，减少虫源，一旦发现源头，务求将其消灭在点片阶段，消灭在成灾之前。

6. 瓜野螟

瓜野螟又叫绢螟、瓜螟。除为害西瓜外，还为害甜瓜、丝瓜、苦瓜等，严重时全园藤叶仅存叶脉，甚至蛀入果实造成大的危害。

幼虫淡绿色，头部淡褐色，成熟幼虫体长约26毫米。成虫昼伏夜出，有趋光性，产卵于叶背，散生或数粒集中。幼虫于4月下旬开始出现为害，7～8月为害最烈。幼虫性较活泼，遇惊即吐丝下垂，初龄时不缀叶而取食叶片，成长后吐丝缀合叶片，潜居其中为害，可吃光全叶仅存叶脉，或蛀入幼果及花中为害，成熟幼虫在所卷的叶片内作白色薄茧化蛹，或在根际土表化蛹。以老熟幼虫或蛹在卷叶中越冬。

防治方法：

（1）人工摘除卷叶，予以烧毁。

（2）药剂防治：50%敌敌畏乳油1000倍液，或40%氧化乐果乳油1000倍液喷杀。

7. 蜗牛和蛞蝓

蜗牛和蛞蝓是比昆虫低级的无脊椎动物，两者均为杂食性。用齿舌刮食叶、茎，造成孔洞或缺刻，严重时将苗咬断，造成缺苗。

蜗牛头部有长、短触角各一对，背上有一个黄褐色螺壳。蛞蝓身体柔软而无外壳，暗灰色、灰红色或黄白色，头部前端有两对触角，后触角顶端有黑色的眼。腺体能分泌无色黏液。

蜗牛喜阴湿，干旱时，白天潜伏，夜间活动，爬过的地方留下黏液痕迹。蛞蝓怕光，在强烈日光下经2～3小时即被晒死，一般日出后隐蔽于阴暗处，夜间活动为害。取食幼苗、嫩叶，或从茎秆爬到植株上取食叶片。

防治方法：

（1）铲除田边杂草，并撒上生石灰，清除孳生场所。

（2）每667平方米用5～10千克生石灰或3～5千克茶枯粉撒于瓜苗附近。

（3）地膜覆盖可减轻为害。

甜 瓜

一 概 述

甜瓜品种繁多，我国各地盛产的梨瓜、香瓜、白兰瓜、哈密瓜在植物学上都属于甜瓜种，通称甜瓜。在栽培甜瓜中，由于起源不同，有薄皮甜瓜与厚皮甜瓜两大生态类型。薄皮甜瓜起源于东亚温暖湿润地区。梨瓜、香瓜属薄皮甜瓜类，该类品种较耐湿抗病，适应性强，在我国除无霜期短，海拔3000米以上的高寒地区外，南北各地广泛栽培。厚皮甜瓜起源于非洲、中亚（包括我国新疆）等大陆性气候地区，生长发育要求温暖、干燥、昼夜温差大、日照充足等条件，因此历来在我国西北的新疆、甘肃等地种植，如有名的哈密瓜、白兰瓜等。

我国栽培甜瓜历史悠久。湖南长沙马王堆出土的东汉末年女尸腹中有一百几十粒未被消化的甜瓜种子，为2000年前我国南方已有甜瓜栽培提供了佐证。

厚皮甜瓜味香甜、质优、风味特佳，且耐储运，商品价值高。20 世纪 70 年代以来，世界上的一些经济发达国家一般都有西瓜栽培面积逐渐减少、甜瓜面积不断增加的趋向。我国随着经济的发展和消费水平的提高，各地也有扩大厚皮甜瓜生产的趋势。但是我国原有厚皮甜瓜产区局限于西北地区。长期以来，我国园艺工作者一直关注着如何解决我国厚皮甜皮“东移”问题，但厚皮甜瓜在南方露地栽培受多雨潮湿等不良条件的影响，植株易罹病，果实品质差。80 年代末，北京、上海等地选用适宜品种，应用设施栽培，产量和品质均达到应有高度，产品批量供应市场。湖南省近年在厚皮甜瓜新品种选育，大棚栽培等方面均取得应有成效，已为生产者运用并稳步发展。

二 甜瓜的特征特性及其对生长环境的要求

甜瓜属葫芦科，黄瓜属，甜瓜种，栽培的甜瓜都是一年生草本植物。

（一）甜瓜的特征

根 甜瓜的根属直根系，较发达，主根可深入土中1米，侧根长2~3米，但绝大部分侧根和根毛都集中分布在土壤表层0~30厘米的耕层中。除胚根形成的定根外，甜瓜的茎蔓匍匐在地面生长时，还会长出不定根，也可吸收水分和养料，并可固定枝蔓，避免风吹翻卷。

茎 甜瓜茎蔓生，有卷须，可供茎蔓攀缘生长。在自然生长状态下，甜瓜主蔓生长较弱，侧蔓生长势旺盛，长度往往超过主蔓。

甜瓜分枝力强，主蔓上分生出子蔓（一级侧蔓），子蔓上又分生出孙蔓（二级侧蔓）。甜瓜的雌花大多着生在子蔓和孙蔓上。只有少数品种的主蔓上也着生雌花。

为了调节甜瓜茎蔓的生长，在人工栽培条件下，常采用摘心、整枝、打杈等技术，以控制茎蔓的营养生长，而向生殖生长转变，使早结果，早成熟。

薄皮甜瓜茎蔓细弱，厚皮甜瓜茎蔓粗壮。

叶　甜瓜的叶互生，叶柄短，叶片近圆形或肾形，不分裂或仅有浅裂，乍看起来近似于黄瓜叶，叶片正反两面均有茸毛，这些茸毛具有保护叶片、减少叶面蒸腾的作用。

花　甜瓜是雌雄同株异花植物，雄花全是单性花，雌花大多为具雄蕊的两性花，尤其是栽培品种的雌花几乎都是两性花，单生于叶腋内，花柱极短，柱头深藏在花冠筒内。雄花常3～5朵簇生，同一叶腋的雄花次第开放，不在同一日。甜瓜花粉沉重而黏滞，必须依靠昆虫才能传粉。

甜瓜的结实雌花大多着生在子蔓或孙蔓上。

果实　甜瓜果实的大小、形状及果皮颜色差异很大。通常薄皮甜瓜果小，单瓜重0.5千克以下，皮薄，可连皮食用。厚皮甜瓜果大，单瓜重1～3千克，最大可达10千克以上，果实成熟后，香味浓郁，果皮坚韧，不能连皮食用。

种子　通常一个甜瓜果实中有种子300～500粒。种皮大多为黄白色，表面光滑。种子大小差别较大，薄皮甜瓜种子小，千粒重5～20克，厚皮甜瓜种子大，千粒重30～80克。

（二）甜瓜的特性

甜瓜根系好氧性强，要求土壤疏松，通气良好。土壤黏重和田间积水都将影响其生长发育。甜瓜根系生长快且易木栓化，伤根后再生力弱，发新根困难，因此幼苗移栽不宜过晚，最好采用营养钵等保全根系的方法育苗。

薄皮甜瓜较厚皮甜瓜的根系耐低温。厚皮甜瓜的根系较薄皮甜瓜的根系更强健、耐旱。

甜瓜有较强的适应碱性环境的能力，适宜的土壤酸碱度 pH 值为 6 ~ 7。

甜瓜种子浸泡吸水 2 ~ 3 小时、置 30℃ ~ 35℃ 温度下，一般经 24 小时可萌动长出胚根。15℃ 以下不能发芽。

甜瓜从播种起，生长发育较西瓜快，如同期播种，甜瓜较西瓜出苗早 1 ~ 3 天，因甜瓜出苗所需的有效积温较西瓜少。甜瓜幼苗的第 1 至第 5 真叶节间较正常节间短，在个体发育上，第 5、6 真叶的出现标志着苗期的结束，茎蔓和叶片的生长明显加快，侧蔓（子蔓和孙蔓）发育旺盛，几乎与主蔓齐头并进。第 5 真叶出现到第 1 雌花开放 20 ~ 25 天。

甜瓜植株所有的叶腋一般都可着生雄花，雌花大多着生在子蔓和孙蔓上，雄花比雌花先开放 5 天左右。甜瓜开花时间只有半天，花朵清晨开放，持续到中午 12 时左右，这段时间均可授粉。甜瓜的花粉与雌花的柱头对温度十分敏感，高温有利于花粉管的萌发和完成授粉受精过程，因此，甜瓜人工授粉的最佳时间在雌花开放后的2小时左右，即上午9～10时授粉的效果最好。

甜瓜必须有昆虫作为传粉媒介才能完成自然授粉。大多数甜瓜雌花属两性花型，即雌花柱头四周有3枚雄蕊，但在缺少虫媒的条件下，仍不能完成受精的过程。

甜瓜雌花蕾虽然出现较多，但能发育成果实的却不多，薄皮甜瓜每株最多4～6个，厚皮甜瓜中的小果型品种为2～4个，大型的哈密瓜只有1～2个。

甜瓜果实发育的时间，薄皮甜瓜需30～35天，厚皮甜瓜中大果型晚熟品种从坐瓜至成熟需80天以上。成熟的果实，由于类型和品种的不同，发生生化生理的特征也不同，如果实表皮色素的变化，由绿色变成黄绿、乳白色变成黄白；果柄分化离层，果实脱离茎蔓；脐部变软；果实挥发芳香等均有各自的规律。

（三）甜瓜对生长环境的要求

厚皮甜瓜起源于非洲，干旱炎热的热带沙漠气候决定了其对外界环境条件的要求是：喜温、喜水、日照充足、空气干燥、昼夜温差大。我国西北地区的生态环境条件正适合其生长发育的需要，因而产品质量极佳。

我国原产的薄皮甜瓜对光照、空气湿度等条件的要求不如厚皮甜瓜严格，在阴雨天多、光照不足、空气湿度较大的地区能生长良好，坐果和果实发育正常。

甜瓜植株的整个生育期中最适合的温度是25℃～35℃。各个生育阶段对温度的要求有所不同：萌芽期最低15℃，最适30℃～35℃，幼苗生长最适20℃～25℃，果实发育最适30℃～35℃。

日较差（温度在1日内的变幅）大的地方，白天气温高，有利于植物进行旺盛的光合作用，制造的干物质多；夜间温度低，呼吸作用等代谢活动缓慢，有利于糖分等贮藏物质的积累。因而这类地区所种植的甜瓜品质好，产量也较高。

甜瓜是喜光的作物，在光照不足的情况下，植株节间伸长，叶色浅、叶片薄，生长迟缓。甜瓜对光照的要求是：光补偿点4000勒克斯，光饱和点55000勒克斯。由于甜瓜光合作用对光照强度要求的补偿点与饱和点均低于西瓜和南瓜，因此，在我国南方阴雨寡照地区均可栽培成功，但须采用防雨设施，并充分利用有限的光照资源。

土壤过湿，水分过多，对甜瓜生长极为不利，灌水量过大或次数过于频繁，会沤坏根系。

甜瓜植株耐盐碱，在土壤pH值7～8的情况下能正常生长发育。

三　甜瓜的栽培品种

（一）薄皮甜瓜品种

薄皮甜瓜株型较小，叶色深绿，小果型，单瓜重0.3～1千克。果皮光滑，皮薄，可连皮食用。肉厚2～2.5厘米，可溶性固形物含量10%～13%，不耐储运，较抗病、耐湿、耐弱光。

湖南较早种植的甜瓜品种有八方瓜和梨瓜，20世纪60年代开始推广的是华南108甜瓜，近年育成并推广的有芙蓉蜜、银蜜、湘蜜1号等。

华南108　湖南省园艺研究所1959年从原华南农科所引入、繁殖推广的品种。该品种果实圆形稍扁，顶端稍大，果形指数0.85左右。果皮乳白微带淡绿色，果肩部有浅绿色泼水状斑点，果面光滑，果脐部平整或突起，单瓜重0.5～0.7千克，最大1千克。果肉乳白或白绿色。肉厚2厘米左右，质细脆甜，可溶性固形物含量11%～12%，最高可达17%，瓜瓤及其附近汁液尤甜。果实成熟时果肩部可能出现不规则浅裂痕，脐部变软，散发清香，具既甜且香的风味。中早熟，生育期 90 天左右，通常 4 月中下旬播种，7 月中旬前后采收。667 平方米产瓜 1000 ~ 1500 千克，最高可达 5000 千克。

八方瓜 洞庭湖区栽培历史较久远的品种。果实圆筒形，果面有 8 条不规则纵棱，果面凹凸不光滑。果皮白绿色，成熟时浅黄绿色。果肉绿色，皮脆多汁，可溶性固形物含量 9% ~ 10%。果型中等大，单瓜重 0.6 ~ 1 千克。中晚熟，4 月下旬播种，8 月上旬开始采收。抗性强，产量高，667 平方米产瓜 4000 千克左右。

梨瓜 原长沙郊区种植，果实扁圆或圆形，顶部稍大，果面光滑，近脐处有浅沟，脐大、平或凹陷。单瓜重 0.4 ~ 0.6 千克。幼果期果皮浅绿色，成熟后转白色或微带黄白色。果肉白色，肉厚 2 ~ 2.5 厘米，皮脆，清香多汁，可溶性固形物含量 11% 左右。种子白色。中熟品种，4 月下旬播种，7 月下旬开始采收，生育期 90 天左右。667 平方米产瓜 2000 千克左右。

芙蓉蜜 湖南省袁隆平农业高科技股份有限公司湘园瓜果种苗分公司（以下简称隆平高科）育成。

该品种果实圆形稍扁，果皮白绿色，成熟后黄白色。单瓜重 0.4 ~ 0.5 千克。肉质脆，具浓郁芳香，可溶性固形物含量 14% 以上。抗性强，667 平方米产量 1500 ~ 2500 千克。果实大小均匀，商品性好。

银蜜 湖南省隆平高科湘园分公司育成。该品种为一代杂种。果实卵圆形，果皮白绿色，成熟后黄白绿色。单瓜重0.5千克左右。果肉浅绿色，肉厚1.8厘米左右，肉质脆，可溶性固形物含量12%～15%。抗病性强，耐阴雨性能强。每株留瓜3～4个，667平方米产瓜1000～1500千克。中熟，全生育期100天左右。在湖南可春秋两季种植。

湘蜜1号　湖南省隆平高科湘园分公司育成。该品种为一代杂种。果实长卵圆形。果皮黄色。单瓜重0.5～0.8千克。果肉白色，肉厚2.0厘米，肉质脆，可溶性固形物含量12%～14%。中早熟，全生育期95天左右。抗病性强。每株留瓜3个，667平方米产瓜1500～2000千克。

（二）厚皮甜瓜品种

厚皮甜瓜生长势旺，叶片大，叶色浅绿。单瓜重2～5千克。果皮较厚、粗糙，多数品种有网纹，去皮而食。果肉厚2.5厘米以上。可溶性固形物含量12%～17%之间。种子较大。品质好，耐贮运。对环境条件要求较严，喜干燥、炎热、温差大和日照强。抗病性、适应性差。我国西北地区由于生态环境条件适合厚皮甜瓜生长发育，产量高，质量极佳。但西北地区栽培品种引入南方多雨潮湿地区，不论露地或保护地栽培均难成功。

我国东部大城市郊区，20世纪80年代从日本、韩国、美国以及台湾省引进经改良的厚皮甜瓜品种试种，大都获得成功，其中连续推广面积最大的是伊丽莎白杂交一代品种。

伊丽莎白 日本育成的杂交一代品种。果实圆球形，果皮黄艳光滑，单瓜重0.5~0.6千克。果肉白色，肉厚2.2厘米，肉质细软，汁多微香，可溶性固形物含量13%~15%。种子黄白色。单株结瓜2~3个，667平方米产量1500~1800千克。较耐湿、亦耐弱光。早熟，果实发育期30天。果形整齐，外观漂亮。

近年，国内园艺科技工作者，采用厚皮甜瓜与薄皮甜瓜杂交育成了一批新品种，既具薄皮甜瓜对南方多雨潮湿环境的适应性，又具厚皮甜瓜生长势强、品质好、产量高的特性，结合大棚栽培，取得了较好成效，湖南育成推广的主要品种如下：

南蜜1号 湖南省岳阳市农业科学研究所育成。早中熟，植株生长势强，抗病耐湿。露地与大棚栽培均可。果实短椭圆形，皮色淡黄，肉色浅绿，味甜香脆，风味佳。单瓜重1.2~2.0千克，667平方米产量2000千克左右。

南蜜2号 湖南省岳阳市农业科学研究所育成。中熟种。植株生长势强，抗病耐湿，露地和大棚栽培均宜。果实短椭圆形，果皮白色，肉橙黄色，香脆可口，风味独特。单瓜重2千克，667平方米产量2000千克左右。

南蜜3号 湖南省岳阳市农业科学研究所育成。中熟种。植株生长势强，抗病性好，适合大棚栽培。果实短椭圆形，果皮上有网纹，肉白绿色，香脆可口。单瓜重2千克左右，667 平方米产量 2000 千克左右。

湘蜜 3 号　湖南省隆平高科湘园分公司育成。果实椭圆形，果皮金黄色，果柄部有浅棱沟。单瓜重 1～2 千克。果肉淡绿色，肉厚 3～4 厘米，可溶性固形物含量 14%～18%，肉质极脆，风味佳。植株生长势中等，耐阴湿能力强，抗病性亦强，成熟时果柄不易脱落。早熟，全生育期 105 天左右，雌花开放至成熟 30～35 天。667 平方米产量 1500～2500 千克。极耐储运，采后可贮放 25～40 天。在南方可行春秋两季栽培。

湘蜜 4 号　湖南省隆平高科湘园分公司育成。果实椭圆至长椭圆形。果皮金黄色，果面有浅棱沟。单瓜重 0.8～1.5千克。果肉淡绿至白色，肉厚 2.5 厘米，可溶性固形物含量 13%～15%，肉质细脆，味甜。早熟，开花后 30 天左右成熟。易坐果，每株留瓜 1～2 个。植株生长强健，抗病性强。成熟时果柄不易脱落，耐储运，适应性广。667 平方米产量 1500～2200 千克。

该品种在北方可作厚皮甜瓜栽培，在长江流域可作薄皮甜瓜栽培。

湘蜜 6 号　湖南省隆平高科湘园分公司育成。果实高圆形，果皮玉白色，外观美丽。单瓜重 0.8～1 千克。果肉白色，肉厚 3 厘米左右，可溶性固形物含量 13% 左右，肉质脆甜。中熟，生长势中等，孙蔓结瓜，易坐果，成熟时果柄不易脱落。每株留瓜 2 个，667 平方米产量 2000 千克左右。

湘蜜7号 湖南省隆平高科湘园分公司育成。果实椭圆形，果皮黄色，果面有条沟。单瓜重0.8～1.5千克，果肉厚2.8厘米，肉白色，可溶性固形物含量12%～15%，质脆、汁多、味甜，风味佳。植株生长健壮，分枝性强，抗病性强。早熟。果实成熟时果柄不易脱落，耐储运。本品种属大果抗病丰产型。每株留瓜1～2个，667平方米产瓜2000千克左右。

四　甜瓜栽培技术

（一）薄皮甜瓜栽培技术

薄皮甜瓜在洞庭湖区种植较普遍。20 世纪 70～90 年代该区常德西湖农场繁殖华南 108 甜瓜种子种植面积大，瓜农在完成良种繁殖的同时，积累了较为系统的丰产栽培经验，要点如下：

1. 深沟高畦，防渍防涝

甜瓜怕渍湿，而春末夏初甜瓜生长季节雨日多，雨量大，因此，搞好田间排水，避免土壤渍湿至关重要。计划种瓜的田，于头年或早春翻耕，翻耕的时期越早、烤晒得越干越好。除作成高畦外，并要开好四周的排水沟。畦宽（包括畦沟）3～3.5 米，畦沟深 30～40 厘米，四周排水沟深 40～50 厘米，保证排水通畅，做到降雨时畦面无积水，雨停畦沟也无积水。

每畦栽 2 行，株距 0.5 米左右，667 平方米 800～900 穴。

甜瓜在洞庭湖区大多与棉花套作，甜瓜生长发育较棉花早，采收期亦早，与棉花共生期短，两者争肥争水的矛盾小，对棉花的生长和产量影响不大。

2. 温床育苗，适时移栽

为提早上市，提高单位面积产量，早播种早育苗是很关键的措施。露地直播，在阴雨连绵的气候条件下，常造成烂种或死苗，采用温床育苗，防雨保温，播种期可提早于4月上旬或3月下旬。床内养苗时间较长，能达到育大苗的目的。用营养钵或营养土块播种，以便带土移栽，减少根群损伤。播前不必催芽，只浸种2～3小时，每钵播种子4～5粒，播种后温床温度要求保持25℃～30℃，促使发芽出苗，一见齐苗，将床温降至20℃左右，以防出现高脚苗。及时间苗，每钵留苗2～3株。苗龄20～25天，幼苗两片真叶时定植。定植期为4月下旬前后，每穴栽2钵，一般每钵为1株，667平方米实有苗1600株左右。

少数采用芽苗移栽，苗床为不垫酿热物的冷床，播种期4月中旬，苗龄较短，子叶平展即定植，减轻根群损伤，每穴栽苗3～4棵。如为大田直播，播种期4月下旬。播种穴先施堆肥，使植穴略高于畦面，避免降雨时植穴积水，造成死苗。直播用种量大，每穴播种子8～10粒，最后定苗均为每穴2株。667平方米需种子100～150克。

3. 地膜覆盖，促苗早发

畦面盖膜，能有效地减轻雨水对泥土的冲击和洗刷，畦面无板结现象，土壤透气性好，加之地膜保温增温，瓜苗生长健壮，现蕾开花期提早，配合温床育苗，采收期较直播栽培可提早 10～15 天。盖膜方法为半覆盖式，即只盖瓜路，畦面 2 行瓜苗各盖 1 幅，膜幅 50～80 厘米，最宽为 100 厘米。半覆盖式栽培有利后期的追肥和浇水。整地施肥后盖膜，然后破膜栽苗。直播则先播种再盖膜，瓜苗顶土及时破膜，人工协助瓜苗伸出膜面。破膜口及时用泥土压实，既能保持膜下温度和减少水分蒸发，又能避免被风掀拂，伤及幼苗。

4. 打顶摘心，孙蔓坐瓜

甜瓜主蔓打顶是促使坐瓜以及早坐瓜极为重要的措施。甜瓜大多是子蔓或孙蔓坐瓜。其打顶摘心的方法是瓜苗长出 5 片真叶，将继续生长的新叶连同生长点一并摘除，促使从基部叶腋发生侧蔓（子蔓），子蔓长出 4～5 片叶再摘心，促使从子蔓叶腋发生侧蔓（孙蔓）。孙蔓第 1 叶腋或第 2 叶腋出现雌花坐果。一般每株坐果 1 个，也有同期坐果 2 个者，肥培管理得好，可先后坐果数个。生长中期，即果实发育期间，若藤叶长势旺盛，根据情况，对直立向上生长的子蔓和孙蔓继续打尖，即摘除嫩尖嫩叶，保护功能叶，抑制徒长，促进坐瓜，同时使畦面通风透光，减少发病。

5. 保持藤叶稳健生长，连续坐瓜

薄皮甜瓜果小，单瓜重 1 千克左右，若每株坐果 1 个，667 平方米栽苗 1000 余株，单产最多只能达到 1000

余千克。为提高单位面积产量，必须依靠植株多次结果，要实现这一目的，保持藤叶稳健生长不过早衰败至关重要，主要措施是随着果实的采收及时追肥，干旱期按时灌溉，全生育期不发生严重的病虫害。

基肥是保证前期坐果并获得基本产量的重要条件，及时追肥是保持藤叶稳健生长的物质基础。因此，每采收一批果实后应及时追肥 1 次。6 月中旬以前多雨，将菜籽饼、复合肥等在株间或畦面挖穴或开沟施入，称“窖肥”，其范围多在覆盖的地膜下，因此，采用破膜追肥。7 月上旬以后，雨日渐少，天气转旱，则用对水浇施的办法，并随着干旱的加重，浇水量要增大，肥料可减少，即薄肥勤浇，既抗旱又追肥。不论是哪种追肥浇施方法，均不可损伤藤叶和幼果。采收时不到畦面践踏，既避免伤藤损叶，又能避免造成畦面土壤板结。伏地的茎蔓不随意扯动，以免伤及不定根。

湖南春季露地栽培的甜瓜，主要病害是霜霉病和白粉病。除搞好田间排水，不偏施氮肥，及时打顶摘心，避免藤叶多层重叠，使畦面通风透光外，按时喷药预防仍不可省。应特别重视雨后喷药，连续下雨，雨停即喷。甜瓜的主要虫害，前期黄瓜守，中后期红蜘蛛、瓜野螟为害甚烈，应勤检查，见虫即治，特别是蚜虫，将其消灭在中心株上。

实践证明，施足基肥、及时追肥，旱期无严重缺水，病虫防治有力，华南 108 甜瓜品种在洞庭湖区可连续开花，连续坐果，多批次采收，采摘期自 6 月下旬可延续到 9 月上中旬，时间跨度近 100 天，667 平方米产量可达 5000 千克。

6. 适时采收，保证质量

薄皮甜瓜雌花开放至果实成熟需 25～30 天，华南 108 甜瓜与其他品种相同，未成熟的果实略带苦味，尤以果脐部苦味更浓。成熟的果实则既甜且香，但若过熟，则肉质软绵，甚或腐烂，因此，采摘及时是保证质量，提高产量的重要措施。判断果实是否成熟，华南 108 品种可通过下列几点加以鉴别：触摸果脐部有变软的感觉；果实表面出现浅裂纹或近果柄处出现环状断续裂纹；果面绿色减退黄色增加，由白绿色转为黄白色；果柄与茎蔓形成离层，果实易脱落。外运的果实以采收九成熟为佳，就地销售则以十成熟的果实品质最优。

甜瓜留种须注意品种间隔离栽培，避免杂交变异。种瓜应严格选留具该品种特征的果实，不能以果实大小为留种的惟一标准，否则后代产量虽能提高，但品质下降，远离原品种的特性。

洗种时，从种瓜中取出的果瓤和种子一并置瓦缸或木桶中发酵 1～2 昼夜，使种子与果瓤分离，清洗方便。种子发酵不能用铁桶盛贮，否则种子表面呈黑色，外观不美。

（二）厚皮甜瓜栽培技术

我国东部和南部多雨地区厚皮甜瓜栽培，主要障碍是阴雨寡照。因此，防雨避湿是首要的条件，综合各地取得的成功经验，都离不开搭棚遮雨设施，棚型有大棚和小拱棚。

1. 大棚栽培

长江中下游地区甜瓜大棚栽培、棚型结构和设置、早春育苗苗床的设置以及电热加温线的铺设等均可按西瓜有关章节介绍的操作。

大棚栽培技术要点如下：

（1）培育壮苗　管理好苗床的温度是培育壮苗的关键，幼苗未出土之前，温度要保持在28℃～30℃之间，小苗出土时，揭开平铺的地膜，夜间维持15℃～20℃，白天25℃～28℃。若出现温度过高，可于中午通风，降低温度和湿度。幼苗第1～2真叶期应控水蹲苗，移栽前炼苗，揭膜通气，使接近自然温度，但若低于15℃时，仍应盖膜防寒。苗龄1个月，一般可长至3叶1心。

育苗过程中，除防瓜苗徒长外，还要预防僵苗。苗床肥水过多，特别是氮肥过多，湿度过大，温度偏高，通风换气少，瓜苗容易徒长；温度过低，育苗钵营养土过干，过度蹲苗，钵体间隙未填泥土，肥害或药害都会造成僵苗。因此，苗期一定要注意肥、温、水、气的调控和病虫害的防治。壮苗的基本标准是：茎短而粗壮，叶柄长与叶宽相近，子叶大而平展，叶色青而老健。

（2）适时定植　瓜苗具3片真叶、苗龄30～35天为定植适期，苗龄过大会影响根系生长。定植期为3月下旬至4月初。定植以后大棚内的温湿度控制可参看西瓜大棚栽培有关内容。

（3）整枝打杈　甜瓜大棚同西瓜一样要搭架引蔓，多用单蔓式整枝，667平方米栽植1500株左右。畦宽包沟1.5米，每畦栽2行，株距0.6米，梅花式排列。主蔓前期不打顶，待植株生长至25～30片叶时摘心。第10节以下的子蔓全部摘除，第11节至14节子蔓为预定结果部位，这几条子蔓留1～2叶摘心，第15节以上子蔓留1叶摘心，以后及时摘除孙蔓。当主蔓长至6～7叶时吊蔓、绑蔓、引蔓往架上或绳索上攀缘。

（4）授粉、疏果、吊瓜　开花期间棚内基本上无昆虫活动，应及时进行人工授粉。

植株结果后一星期左右，幼果长至鸡蛋大小时，选留果形端正，无虫伤病斑的果实，每株留果1个，其余的均摘除，这是提高果实商品性的关键措施。疏果、定果时间不能太迟，太迟会直接影响产量和商品价值。也不能用多留果的办法来提高单产，一株多果，果实都长不大，反而降低了果实的商品性与经济效益。

吊瓜是减轻果实对瓜蔓的负载。当果实长到拳头大小时，用绳子在果柄部将瓜吊在棚架的横梁上。

（5）采收　甜瓜的水肥管理参看西瓜大棚栽培一节。果实定型进入糖分积累期应控水。雌花开花时作好标记，按品种果实发育期，到期采摘。采收时使用剪刀，以免扭伤瓜蔓。

2. 小拱棚栽培

厚皮甜瓜小拱棚栽培，棚膜一盖到底，从定植到采收不撤棚，但须根据气温变化，揭膜通风。畦长以 30 米左右为宜，便于操作管理。

长江中下游小拱棚栽培适宜播种期为 2 月下旬或 3 月上旬，定植期为 3 月下旬至 4 月上旬，苗龄 30～35 天。育苗方法与大棚栽培的育苗方法相同。

定植前一星期整地施肥覆盖地膜，可避免连续阴雨延误定植期。

种植密度与整枝方式有关，一般采用双蔓整枝，667 平方米 800～1000 株，畦宽 2.5 米，畦中央栽一行，株距 30 厘米。按定植穴破膜栽苗，插棚架盖棚膜。架距 0.5 米左右。跨度 1.5 米左右，棚顶高约 0.5 米。畦两头的棚膜用泥土压实，畦两侧的棚膜不压，便于揭动通风。为防强风掀拂，于棚膜上压竹片，每两根棚架之间压一根竹片。

棚膜下的温度直接受天气影响，晴天棚内温度升得快，降得也快。定植至成活阶段以保温为主，一般不揭膜，白天维持 25℃～28℃，夜晚不低于 12℃。生长中期至果实成熟，棚膜以遮雨为主，做到既避雨又通风，起到防病保花保果的作用。此期将棚膜两侧适当提起，不论白天或夜晚，不让其与畦面接触，保持通风，见晴天将膜揭至棚顶，使藤叶充分得到阳光照射。下雨时将两侧棚膜放下，避免雨水淋击藤叶，但仍应留通风口，否则棚内温度过高，容易发病。

双蔓式整枝，当主蔓长至5～6叶时留4叶打顶，选留第2、第3叶腋子蔓，摘除其余子蔓。瓜苗栽于畦的中央，子蔓分别引向畦的两侧。子蔓长至9～10叶时，留8叶打尖。摘除子蔓第1、第2条孙蔓，第3至第5条孙蔓为预定结果部位，对这几条孙蔓采用花前留1～2叶打尖，第6条及以后的孙蔓留1叶打尖。以后视生长情况，灵活掌握打尖次数和轻重程度。果实鸡蛋大小时定果，每株留果1个，摘除多余的幼果。及时将处于畦边的果实移入棚膜下，避免雨淋，减少烂瓜。

定植成活后追一次促苗肥，主蔓打顶后追一次伸蔓肥，结果后追1～3次促果肥。果实膨大期遇干旱可行浇水或沟灌。

五　甜瓜主要病虫害及其防治

（一）主要病害及其防治

甜瓜病害常见的有 10 余种，其中猝倒病、白粉病、炭疽病、病毒病、叶枯病、疫病、蔓枯病与危害西瓜的病害相同，可参照西瓜病害部分防治。枯萎病、霜霉病、细菌性叶斑病分列如下。

1. **枯萎病**　甜瓜从苗期到成株期均可发病，结瓜中期为发病高峰。苗期发病，幼茎基部变褐、缢缩，子叶、幼叶发黄萎蔫下垂，严重时幼苗僵化枯萎死亡。成株期受害，叶片从根茎部向上逐渐萎蔫，中午症状尤为明显，早晚可以恢复正常，如此反复数日后，叶片呈褐色、萎蔫，引起全株枯萎死亡。典型症状是病根表层呈水渍状黄褐色，粗糙、有纵裂，剖视根茎维管束呈黄褐色。在潮湿条件下，病根部产生白色或粉红色霉状物，即病菌分生孢子。

甜瓜枯萎病主要致病菌是尖孢镰刀菌甜瓜专化型，为半知菌亚门镰孢霉属，是典型的土壤传播病害。

枯萎病菌以菌丝体、厚垣孢子和菌核在土壤、病残体及未腐熟的带菌肥料中越冬，种子也可带菌，是翌年发病的初次侵染源。在甜瓜生育期，遇连续阴雨或过量灌水，田间有积水或土壤偏酸，容易发病，连作田更易发病。

防治方法：

（1）实行与非瓜类作物5年以上的轮作或与水稻轮作。

（2）选择抗病丰产品种。

（3）合理施肥，注意氮、磷、钾三要素的合理配合。高畦栽培，确保瓜田排水通畅。

（4）药剂防治：发病初期在植株周围浇灌50%多菌灵可湿性粉剂1000倍液，或70%甲基托布津可湿性粉剂800～1000倍液有一定的抑制病情发展的作用。

2. **霜霉病**　甜瓜霜霉病俗称跑马干。本病菌对甜瓜、黄瓜侵害特别重，丝瓜、黄瓜、南瓜也能被侵染，而西瓜很少发病。

该病主要危害叶片。发病初期叶片呈水渍状褪绿小斑点，病斑扩大后受叶脉限制呈不规则多角形褐色斑。在潮湿环境下，叶背面病斑上生极稀疏的淡灰色或灰色霉层，严重时病斑连接成枯黄状大斑，病叶焦枯蜷缩，似火烧一样，甜瓜果实细小，品质变劣。

甜瓜霜霉病是由鞭毛菌亚门假霜霉属病原真菌侵染

所致。病原菌以菌丝体、卵孢子随病残体在土壤中越冬；病菌也可来自温室种植的瓜类。翌年病菌借风力、雨水、昆虫传播。在昼夜温差大、夜间积露、多雨、有雾、地势低洼、种植过密、排水不畅、通风不良的瓜地发病严重。

防治方法：

（1）严格实行轮作，葫芦科植物不作前茬作物。

（2）加强栽培管理，高畦种植，合理密植，增施磷钾肥，提高植株抗病性。保护地大棚要经常通风降湿。

（3）发病初期应及时对中心病株喷药，控制病害的蔓延。主要农药有：75%百菌清、70%代森锰锌、25%瑞毒霉可湿性粉剂500～600倍液，波尔多液1:1:200倍液。

3. **细菌性叶斑病** 甜瓜细菌性叶斑病又称斑点病、角斑病。

甜瓜整个生育期均可发病。主要危害叶片，也能为害茎蔓和果实。病斑初期产生水渍状黄褐色小点，扩大受叶脉限制，呈多角形或不规则的大斑，病斑后期常破裂穿孔，严重时果实受害产生水渍状凹陷圆斑，龟裂处分泌细菌黏液向果肉扩展，延伸到种子，造成果肉腐烂。

甜瓜叶斑病是由假单胞杆菌引起的一种细菌性病害。病菌随病株残体在土壤和种子上越冬，田间病原菌通过灌溉水、雨滴飞溅、气流和昆虫传播。病菌从伤口、自然孔口侵入，造成多次重复感染。遇多雨年份，瓜田湿度大，是病害流行的主要因素。

防治方法：

（1）加强栽培管理，注意田间排水。保护地做好通风降湿，及时清除残体。

（2）发病初期，施药防治，药剂有72%农用链霉素4000倍液，50%琥胶肥酸（DT）可湿性粉剂500倍液。

（二）主要虫害及其防治

甜瓜主要虫害有黄瓜守、瓜蚜、红蜘蛛、种蝇、小地老虎、瓜野螟、蜗牛和蛞蝓、瓜蓟马等，除瓜蓟马外，上述其他种类，西瓜虫害章节均有描述，防治措施可参照应用。

瓜蓟马　蓟马分布广泛，食性杂。成虫和若虫用锉吸口器锉吸心叶、嫩芽、花和幼果汁液，可使主茎生长点萎缩，节间变短，侧芽丛生，幼果畸形、硬化、变黑，心叶不能舒展，妨碍瓜苗生长，甚至引起落果。

蓟马体微小，长1～1.2毫米，缨翅，体色黄至淡棕黄或金黄色，常栖于幼芽、心叶和花中，行动迅速，善飞、善跳。

1年发生10余代至20余代。在土隙缝中和落叶丛中越冬，越冬成虫于次年气温回升到12℃以上时开始活动，待瓜苗出土后，即转至瓜苗上为害。一年中以7～9月发生数量最多。

防治方法：

常用药剂有：50%乐果乳油、50%马拉硫磷乳油、40%鱼藤精、50%锌硫磷1000倍液。也可用烟草石灰水1:0.5:50）喷雾。一般连续用药2～3次才有明显效果。

参考文献

1. 王坚，等．中国西瓜甜瓜．北京：农业出版社，2000

2. 湖南省农科院园艺研究所．新的西瓜杂交一代品种——湘蜜瓜．北京：遗传与育种，1978（3）

3. 王坚，等．西瓜栽培与育种．北京：农业出版社，1993

4. 湖南省农业厅，等．湖南省农作物品种志．长沙：湖南科学技术出版社，1995

5. 湖南省瓜类研究所．南湘种苗．1995

6. 左浦阳．小果型礼品西瓜简介．郑州：中国西瓜甜瓜，1999（3）

7. 魏章焕，等．礼品小西瓜大棚早熟高效栽培技术．郑州：中国西瓜甜瓜，2002（1）

8. 周泉，等．洞庭牌西瓜甜瓜新品种．郑州：中国西瓜甜瓜．2003（1）

9. 陶抵辉，等．无籽西瓜新品种湘育 308 的选育．郑州：中国西瓜甜瓜，2003（5）

10. 薛石玉．小果型西瓜新品种嘉华春播大棚立架栽培技术．郑州：中国西瓜甜瓜，2003（6）

11. 陶抵辉，等．夏秋适栽西瓜湘育花美人、湘育黄美人的主

要特征特性及其高产栽培技术．见：园艺学文集．长沙：湖南科学技术出版社，2003

12. 马德伟，等．甜瓜栽培新技术．北京：农业出版社，1993

13. 林德佩，等．甜瓜优质高产栽培．北京：金盾出版社，1994

14. 吴建义，等．长沙地区湘蜜3号厚皮甜瓜小拱棚优质高产栽培技术．郑州：中国西瓜甜瓜，2002（2）